解析学小景

解析学小景

溝畑 茂 著

岩波書店

扉イラスト=村井宗二

はしがき

　私は解析学を学び始めたとき，グルサーの膨大な本に接して，素晴らしいと思う半面，日暮れて道遠しの感を持ったことがある．しかし，もしその時18世紀から19世紀にかけての解析学の発展の流れをある程度広く理解していたならば，それ程困ることはなかったのではないかと後日思うようになった．

　本書はこれから解析学を学ぼうとしておられる方達の勉学の一助になればと念って，解析学の流れを形成する基本的事実を選んで説明を与えたものであるが，適切であったかどうかは読者の批判に委ねるしかないと思っている．

　数学を専門にする読者のみならず，他の分野の自然科学，さらに工学の方達にも本書を楽しく読んで頂けることが出来れば幸甚と思っている．

1996年12月

　　　　　　　　　　　　　　　　　　　　　　　　溝 畑　　茂

目　次

はしがき

1 デカルト …………………………… 1
2 微積分学のさきがけ ……………… 5
3 無限小解析 ………………………… 9
4 オイラー …………………………… 19
5 ラグランジュ ……………………… 23
6 コーシー …………………………… 31
7 ラプラス …………………………… 47
8 フーリェ …………………………… 63
9 ガウス・グリーンの定理 ………… 79
10 ガウス ……………………………… 85
11 合成積とデルタ関数 ……………… 95
12 アーベル …………………………… 105
13 微分方程式 ………………………… 115
14 万有引力の法則 …………………… 129
15 ディリクレ ………………………… 135
16 ストークスの定理 ………………… 143
17 微妙な問題 ………………………… 149

18	ポアソン1	155
19	波動方程式とラプラス変換	161
20	ポアソン2	169
21	線形変換	177
22	フレドホルムの定理	191
23	静電誘導	205
24	アンペールの法則	215
25	ルベーグ積分	221
26	ヒルベルト空間	233
27	超関数(distribution)	237

あとがき

本書に登場する数学者たち

1 デカルト

René Descartes (1596-1650)

解析という言葉が登場するのは古代ギリシャに始まるが，数学を考える具体的方法として打ち出したのは，フランスの哲学者デカルト(R. Descartes, 1596-1650)である．時代としては，江戸時代初期に当たる．

　彼は『方法序説』で自然哲学の方法論をのべているが，1637 年に発表した「幾何」(*La Géométrie*) は，精神としては，この延長線上にある．

　デカルトは空間に座標軸を導入し（カルテシアン座標），点の座標を (x, y) あるいは (x, y, z) で表わし，直線，平面等を，これらを含む代数方程式に置き換えて考えた．

　彼はいう．ユークリッドによる考察は，多くのことを肉眼と図形の想像力によって明らかにし，かつ何らかの正しい推論によって結論しているけれども，それはどうして発見されたのか，ということを十分明瞭には示してくれないと思われる．またそれは方法によってよりも偶然によって発見される場合が多い．

　デカルトのいう解析とは，「問題を解くには，**問題を解けたものと考えて**，何を明らかにすればよいか，また問題を解くのに必要な要素を見つける方法」をさす．

　筆者の中学時代はもっぱら，幾何＝ユークリッド幾何であり，そのため入学試験に出される幾何の問題については，「補助線 1 本が人生を左右する」といって恐れられていた．話を具体的にするために，きわめて簡単な問題について説明しよう．

　「3 角形の 3 つの中線はただ 1 点で交わる（重心の存在）」の証明を，ユークリッドと解析幾何の立場から紹介する．

　証明 1（図 1 参照）　2 つの中線 BE, CD の交点を G とし，AG の延長が BC の中点を通ることをいえばよい．そのために，AG を延長して，$AG = GH$ となる H をとる．すぐわかるように，4 辺形 $BGCH$ は平行 4 辺形である．ゆえに，AG の延長線は BC の中点を通る．

　証明 2（図 2 参照）　BD, CE を中線とする．BC の中点を O とし，O

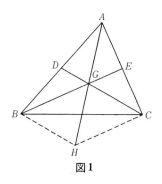 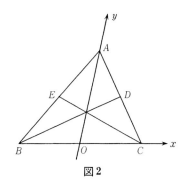

図1　　　　　　　　　図2

を原点とし，図のように座標軸をとる．A は y 軸上にあるようにとる．なお，この場合は線分 OA と OC とは直交しているとはいえないので，いわゆる斜交座標軸である．斜交座標軸の場合でも取り扱いは直交軸の場合とほとんど同じである．点 C, B, A の座標を $C(a, 0), B(-a, 0), A(0, b)$ とすると，D, E の座標は $D\left(\frac{a}{2}, \frac{b}{2}\right), E\left(-\frac{a}{2}, \frac{b}{2}\right)$ である．すぐわかるように，

$$BD \text{ を含む直線}: y = \frac{b}{3a}(x+a),$$

$$CE \text{ を含む直線}: y = -\frac{b}{3a}(x-a).$$

これより，2 直線の交点の座標は $\left(0, \frac{b}{3}\right)$ であり，x 座標が 0 であるから，交点は y 軸上にある．

　この問題を見る限りは 2 つの解法に優劣はない．しかし後者の方は，D, E の位置を任意に変えた場合の BD, CE の交点の位置をただちに教えてくれる．したがって一般自然科学の方法として見た場合は，一般性があるので，後者の方が優れているといえよう．一方，幾何学的直観を養成するためには，ユークリッド幾何学を復活すべきであると主張する人も多い．

　念のために斜交軸の場合の点の座標と，ベクトルとして取り扱う場合

の関係を図示しておく(図3).

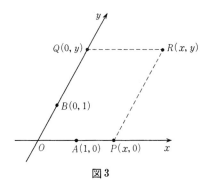

図3

$$\overrightarrow{OR} = x\overrightarrow{OA} + y\overrightarrow{OB}$$

図において RQ と x 軸, RP と y 軸とはそれぞれ平行である.

x 軸上の点 $A(a, 0), C(c, 0)$ と y 軸上の点 $B(0, b), D(0, d)$ が与えられた場合, 直線 AB と直線 CD との交点の座標はつぎのようにして求められる.

$$AB: \frac{x}{a} + \frac{y}{b} = 1, \quad CD: \frac{x}{c} + \frac{y}{d} = 1.$$

これより, 交点の座標は

$$x = \frac{ac(b-d)}{ad-bc}, \quad y = \frac{bd(a-c)}{ad-bc}$$

で与えられる. ただし, $a, b, c, d \neq 0$, $ad - bc \neq 0$ とする.

2　微積分学のさきがけ

Galileo Galilei (1564-1642)

微積分学はニュートン，ライプニッツが17世紀の後半，独立に創始したものといわれている．ここでは，この両雄に先立って微積分の創始に関係した数学者のうちで，特にケプラー，ガリレイ，カヴァリエリ，ホイヘンスの寄与について簡単に紹介しておきたい．時期はおよそ17世紀の前半である．

ポーランドのコペルニクスは1543年に，『天体の運行について』を出版し，6個の惑星は太陽を中心とする円運動をしていることを主張した．なお彼は青年時代イタリアに留学している．他方，デンマークのティコ・ブラーエは天体観測に情熱を燃やし，膨大な資料を残した．このデータが弟子のケプラー (L. Kepler, 1571-1630) に渡り，これが後に科学史上の一大発見となった．

彼は火星の観測データを整理した結果，火星が円運動しているとは思えないので，太陽を焦点とする楕円軌道を画いているとして計算してみると，データとピタッと一致していることを見出した．そして1609年に，『火星の運行の新しい天文学』を発表した．その中に，

　I．惑星は太陽を1つの焦点とする楕円軌道を画いている，

　II．太陽と惑星とを結ぶ線分は等しい時間に等しい面積を画く，

ことがのべられているが，さらに後になって，

　III．個々の惑星の周期 T は，その惑星軌道の長径の長さの3/2乗に比例する，

ことが追加発表された．

ガリレイ (G. Galilei, 1564-1642) はイタリアのピサ大学を中心に活躍した．振子の等時性の発見は有名である．また斜塔によって落下運動の実験を行ない，それまでの説をくつがえした．さらに数々の実験と推論を併用して等加速度運動の基本法則を発見した．余談になるが，彼が発表したコペルニクスの学説を支持する『宇宙のシステムに関する対話』(1632)をめぐって宗教裁判にかけられ，長年にわたって苦痛を受け，つ

いに,「太陽は宇宙の中心であって,動くことはない,という邪説を信じない」と誓約して,けりをつけたことは有名である.なおガリレイの弟子として,トリチェリー,カヴァリエリがいる.

カヴァリエリ(B. Cavalieri, 1598-1647)は求積法について先駆的な仕事をした人として有名である.数学史の書物には彼の業績についての紹介があるが,理解困難な点もある.彼の仕事の一端について非常に粗い説明をすれば,彼は立体 D の体積 $V(D)$ が

$$V(D) = \int_{z_0}^{z_1} S(z) dz$$

で計算されることを主張した.ここで $S(z)$ は,D と xy 平面に平行な平面 $z=z$ との交わり(切断面)の面積(すなわち断面積)である(図1参照).彼の考えは無限,極限という考えを含んでおり,その解釈をめぐって当時の数学者の間で賛否相半ばしたといわれている.

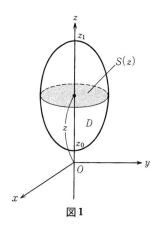

図1

ホイヘンス(C. Huygens, 1629-1695)はオランダの数学,物理学,天文学者である.デカルトの影響を受けている.1666-86年パリに滞在した.光の本性を研究し,光の波動性を提唱した.ホイヘンスの原理は有名である.ライプニッツはパリ滞在中彼とよく交わり,ドイツに帰国後

微積分学の論文をかいたことは有名な話である．

3　無限小解析

関　孝和(1642?-1708)

I 定積分と微積分の基本公式

微積分の創始者はニュートン(I. Newton, 1642-1727), ライプニッツ(G. W. F. von Leibniz, 1646-1716)であるといわれている.ニュートンの微積分は力学,物理学の基本概念と大きな関係をもつ.力学を例にとれば,速度,加速度が登場し,これらのみたすべき関係式として微分方程式が大きな役割を演ずることになる.

たとえば,$x(t)$を数直線上を運動する,時刻tにおける点の座標とすれば,
$$\frac{dx(t)}{dt} = \lim_{h \to 0} \frac{x(t+h) - x(t)}{h}$$

が時刻tにおける速度である.もっと厳密にいえば瞬間速度である.ここで極限(limit)の概念が導入されている.標題の無限小というのは,いくらでも小さくなる変量をさす.たとえば,$\sin x$は$x \to 0$のとき無限小である.上式の右辺の$x(t+h) - x(t), h$はともに無限小であるから,速度は無限小の比の極限ということになる.

定積分ならびに微積分の基本公式について説明したい.微積分の基本公式は字義通り微積分学を支えている大黒柱であり,

(1) $$\int_a^b f'(x)dx = f(b) - f(a)$$

と表される.この式を具体的にみると,xを時間とみれば,

(速度の積分) = (位置の変位)

を,またxを長さとみれば,

(密度の積分) = (全質量)

を表している,とも解釈できよう.ここで$f(x)$は区間$[a, b]$で定義されており,$f'(x)$とともに連続であるとする.(1)のなりたつ理由を説明

する．

　$[a, b]$ を分割して，

(2) $$a = x_0 < x_1 < \cdots < x_n = b$$

とする．

(3) $\quad f(b)-f(a) = (f(x_1)-f(x_0))+(f(x_2)-f(x_1))+\cdots$
$$+(f(x_n)-f(x_{n-1}))$$
$$= \sum_{i=1}^{n}(f(x_i)-f(x_{i-1}))$$

と分解する．平均値定理によって各項は

$$f(x_i)-f(x_{i-1}) = f'(\xi_i)(x_i-x_{i-1}), \quad x_{i-1} < \xi_i < x_i$$

と表されるから，(3)は

(4) $$f(b)-f(a) = \sum_{i=1}^{n}f'(\xi_i)(x_i-x_{i-1})$$

と表される．考えやすいように，$[a, b]$ の分割(2)において，$[a, b]$ の n 等分点をとる分割を $\varDelta_n$ とし，分割 $\varDelta_n$ に対応する(4)の右辺を S_n ($n=1, 2, 3, \cdots$) とする．$n \to \infty$ のとき，分割の最大幅 $h(\varDelta_n) = \dfrac{b-a}{n} \to 0$ であるから，積分の定義(下記参照)より，

$$\lim_{n \to \infty} S_n = \int_a^b f'(x)dx$$

である．ところが今の場合は $S_1 = S_2 = \cdots = S_n = \cdots = f(b)-f(a)$ である．よって，

$$f(b)-f(a) = \int_a^b f'(x)dx$$

がなりたつ．よって(1)が示された．

　定積分の定義をのべておく．以下の定義(存在定理)は 19 世紀の初頭にあらわれたコーシー(A. L. Cauchy, 1789-1857)に負う．彼は解析学全般に批判的精神を持ちこんだといわれているフランスの数学者である．

定義 $g(x)$ を $[a, b]$ で定義された連続関数とする．$[a, b]$ の分割
$$\Delta: a = x_0 < x_1 < x_2 < \cdots < x_n = b$$
に対応して，和
(5) $\qquad S_\Delta = g(\xi_1)(x_1-x_0)+g(\xi_2)(x_2-x_1)+\cdots+g(\xi_n)(x_n-x_{n-1})$
を考える．ここで ξ_i は $\xi_i \in [x_{i-1}, x_i]$ であって，それ以外は，自由である．
$$h(\Delta) = \max_{1 \leq i \leq n}(x_i - x_{i-1})$$
とおく．max は最大値をさす．つぎのことが示される，すなわち証明できる．$h(\Delta) \to 0$ のとき，分割の仕方や，$\{\xi_i\}$ の選び方に無関係に S_Δ は一定の値 I に近づく．この I を $g(x)$ の a から b までの定積分，あるいは簡単に積分とよび，$\int_a^b g(x)dx$ で表す．

この事実を証明することは容易ではないと思う．くわしくいえば，極限 I の存在をどのように示すのか，さらに $h(\Delta) \to 0$ のとき S_Δ がこの I に近づくとはどういうことを示せばよいのか，という疑問を抱くであろう．後者のことは，ε-δ 方式でいえばつぎの通りである：任意の $\varepsilon (>0)$ に対して $\delta (>0)$ がとれて，$h(\Delta) < \delta$ でありさえすれば，$\{\xi_i\}$ の選び方のいかんにかかわらず，
$$|S_\Delta - I| < \varepsilon$$
がなりたつことを意味する．

(1)の関係式はつぎの式(6)と同等であることを注意しよう．

$[a, b]$ で定義された連続関数 $f(x)$ に対して，$f(x)$ の原始関数を $F(x)$ とすると，すなわち $F'(x) = f(x)$ とすると，
(6) $\qquad \int_a^b f(x)dx = F(b) - F(a)$
がなりたつ．これは(1)より
$$F(b) - F(a) = \int_a^b F'(x)dx = \int_a^b f(x)dx$$

がえられるからである．(6)は定積分の値を計算するときに用いられるよく知られた定理である．

$f(x)$ が連続関数のとき，

(7) $$\frac{d}{dx}\int_a^x f(y)dy = f(x)$$

がなりたつことは重要かつ基礎的な事実である．

(1)と(7)の役割を示すために，つぎの微分方程式の問題を考える．

問題 $f(t)$ を与えられた連続関数とし，t_0, y_0 を指定して，

$$\frac{dy}{dt} = f(t), \quad y(t_0) = y_0$$

をみたす解 $y(t)$ を求めよ．

答はつぎの通りである．まず解 $y(t)$ があったとせよ．(1)により，

$$y(t) = y(t_0) + \int_{t_0}^t y'(s)ds = y_0 + \int_{t_0}^t f(s)ds$$

と表現される．これは解の一意性も示している．逆にこれが解であることは，(7)が保証している．

数直線上を運動している点の座標，速度をそれぞれ $x(t), v(t)$ とすれば，$v(t) = x'(t)$ であるから

$$x(t) = x(t_0) + \int_{t_0}^t v(s)ds$$

がなりたつことがわかる．この式は，速度がわかれば，位置はそれの時間に関する積分によってえられることを示しており，微分方程式，力学等の出発点である．

II 円弧の長さと扇形の面積

半径 r の円の円周の長さは $2\pi r$，面積は πr^2 であることは小学校の

ときから教え込まれているために自明のこととなっている．しかし，なぜそうなのかと問われたら，前者は π の定義そのものであり，後者は証明を要することであることに気づく．さらにこれを証明しようと思うと，すぐにぶつかることは円弧の長さはどのようにして定義され，また(円の)面積の定義は何かということであろう．これらは神によって与えられたものではない．人間の良識と思索から生み出されたものである．角の開きが θ_0 (ラディアン)である扇形の面積は $\frac{1}{2}r^2\theta_0$ であることを以下に示す．

この量は $\frac{1}{2}\times$ (半径) $\times$ (円弧の長さ)であり，円弧を細かく等分して，扇形を 2 等辺 3 角形の和集合で内側から近似して考えれば直観的に理解できる．以下，微積分の基本公式を用いる手法で，つぎの基本的事実

(8) $$\lim_{\theta \to 0}\frac{\sin\theta}{\theta}=1$$

を用いるが，その証明は後回しにする．

角の開きを $\Delta\theta$ とし，無限小の基準量ととる．扇形の面積(無限小)を ΔS とする．この微小扇形(曲 3 角形)の内接および外接 2 等辺 3 角形を考えれば，

$$\frac{1}{2}r^2\sin\Delta\theta < \Delta S < r^2\tan\frac{\theta}{2}$$

をえる．ここで(8)を用いる．

$\frac{1}{2}\sin\Delta\theta, \tan\frac{\Delta\theta}{2}$ の無限小主要部分はともに $\frac{\Delta\theta}{2}$ である．ゆえに

$$\frac{1}{2}r^2(1-\varepsilon_1)\Delta\theta < \Delta S < \frac{1}{2}r^2(1+\varepsilon_2)\Delta\theta$$

であり，$\varepsilon_1(\Delta\theta), \varepsilon_2(\Delta\theta)$ は $\Delta\theta\to 0$ のとき 0 に近づく(無限小)．ゆえに，

$$\Delta S = \frac{1}{2}r^2(1+\varepsilon(\Delta\theta))\Delta\theta$$

がなりたつ．$\varepsilon(\Delta\theta)$ は無限小である．なおこのことは

3 無限小解析

$$\Delta S \approx \frac{1}{2}r^2\Delta\theta, \quad \text{あるいは} \quad dS = \frac{1}{2}r^2d\theta$$

などとかかれる．

ゆえに角の開きが θ の扇形の面積を $S(\theta)$ とかけば，$S'(\theta)=\frac{1}{2}r^2$，微積分の基本公式を用いて，

$$(9) \qquad S(\theta_0) = \int_0^{\theta_0} S'(\theta)d\theta = \frac{1}{2}r^2\theta_0$$

が示された．ついで(8)の証明であるが，普通の本では(9)を既知として(8)が示されているので用いられない．

(8)はそれ自身重要な事実なので，直接的な証明をのべておこう．2通りの証明をのべる．第1の証明は正則曲線

$$C: \begin{cases} x = x(t) \\ y = y(t) \end{cases}, \quad \alpha \leq t \leq \beta$$

に対してなりたつことである．C が正則とは $x(t), y(t)$ が $x'(t), y'(t)$ とともに連続であって，$x'(t)^2+y'(t)^2>0$ がなりたつときをいう．すなわち接線が連続的に変わる場合である．以下簡単のために $h>0$ とする．

図1において，

$$(10) \qquad \lim_{Q\to P}\frac{\widehat{PQ}}{\overline{PQ}} = 1$$

がなりたつ．ここで $\widehat{PQ}$ は弧の長さ，$\overline{PQ}$ は弦の長さをさす．また $Q\to P$ は $h\to 0$ をさす．

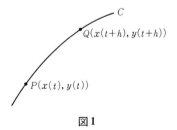

図1

$$\overline{PQ} = \Delta l = \sqrt{(x(t+h)-x(t))^2+(y(t+h)-y(t))^2}$$
$$= \sqrt{x'(\sigma)^2+y'(\tau)^2}\,h, \qquad t<\sigma, \tau<t+h$$

とかける（平均値定理による）．ゆえに
$$\Delta l = \sqrt{x'(t)^2+y'(t)^2}(1+\varepsilon_1(h))h.$$

他方，
$$\widehat{PQ} = \Delta s = \int_t^{t+h}\sqrt{x'(s)^2+y'(s)^2}\,ds = \sqrt{x'(t)^2+y'(t)^2}(1+\varepsilon_2(h))h.$$

ここで $\varepsilon_i(h)$ は $h\to 0$ のとき 0 に近づく．すなわち無限小である．ゆえに
$$\frac{\Delta s}{\Delta l} = \frac{1+\varepsilon_2(h)}{1+\varepsilon_1(h)} = 1+\varepsilon_3(h), \qquad \varepsilon_3(h)\to 0 \quad (h\to 0).$$

よって(10)が示された．特に C が円弧の場合，(10)は $\Delta\theta\big/2\sin\dfrac{\theta}{2}$ となる．ゆえに(8)が示された．

第2の証明は C を単位円の円弧とした場合である．

図2において，
$$\widehat{AB} \leqq \overline{AT} \tag{11}$$

がなりたつことを示す．このことは，$0<\theta<\dfrac{\pi}{2}$ のもとで，$\theta\leqq\tan\theta$ を示すことに他ならない．これが示されれば，$\widehat{AB}>\overline{BH}$, すなわち，$\theta>\sin\theta$ と合わせて，

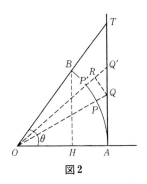

図2

$$\sin\theta < \theta < \tan\theta$$

をえる．すなわち，

$$1 < \frac{\theta}{\sin\theta} \leqq \frac{1}{\cos\theta}.$$

ゆえに $\theta\ (>0)\to 0$ として(8)をえる．

図2を見よう．

(12) $\qquad\qquad\overline{PP'} < \overline{QQ'}$

がわかる．なぜなら，$QR /\!/ PP'$ としたとき，$\overline{PP'} < \overline{QR} < \overline{QQ'}$ が示されるからである．くわしくいえば，$\overline{QR} < \overline{QQ'}$ は $\angle QRQ' > \dfrac{\pi}{2}$ に着目し，$\triangle QRQ'$ に余弦定理を適用すればよい．ついで図2において弧 AB 上に順次 $P_0(=A), P_1, P_2, \cdots, P_n(=B)$ をとり，これらに応じて，線分 OP_i の延長が AT と交わる点を Q_i とすることによって，(12)を適用すれば，

$$\overline{AP_1} + \overline{P_1P_2} + \cdots + \overline{P_{n-1}B} < \overline{AQ_1} + \overline{Q_1Q_2} + \cdots + \overline{Q_{n-1}T} = \overline{AT}$$

がえられ，さらに左辺の上限が弧 AB の長さ $\overset{\frown}{AB}$ であることより，(11)をえる．なお，$\overline{AP_1} < \overline{AQ_1}$ はつぎのようにしてわかる．図2において $\angle AOQ = \varphi$ とおく．$\overline{AQ} = \tan\varphi$，$\overline{AP} = 2\sin\dfrac{\varphi}{2}$ であるから，

$$\overline{AQ} = \frac{\sin\varphi}{\cos\varphi} = \frac{2\sin\frac{\varphi}{2}}{\cos\varphi}\cos\frac{\varphi}{2} = \overline{AP}\frac{\cos\frac{\varphi}{2}}{\cos\varphi} > \overline{AP}$$

がなりたつ．

なお(10)は関孝和(1642?-1708)が円弧の場合，証明なしに，「弦は限りなく弧に親しむ」とのべた事実の数学的表現である．

曲線の長さ，図形(集合)の面積，体積を本格的に考えるようになったのはフランスの数学者ジョルダン(1838-1922)に始まるのではないか．彼の思考は，影響を受けた若年のルベーグ(1875-1941)に受けつがれ見事に結実した．今日普及したルベーグ積分は1902年に「積分，長さ，面積」と題する彼の(学位)論文で発表されたものである．

4 オイラー

Leonhard Euler (1707-1783)

18世紀に入ってニュートン，ライプニッツが独立に創始した微積分学は整備されていった．その主役を演じたのは，オイラー (L. Euler, 1707-83)，ラグランジュ (J. L. Lagrange, 1736-1813) といわれている．ニュートンの門弟テイラー (B. Taylor, 1685-1731) は，今日のテイラー展開を発表した．証明はつけられていないし，無限級数についての収束，発散の区別はなされていない．記号的に

$$f(x) \sim \sum_{n=0}^{\infty} \frac{1}{n!} f^{(n)}(a)(x-a)^n$$

とかき表したといった方が，テイラーの仕事をよく表している．

　ここでは18世紀最大の数学者ともいわれているオイラーに焦点をあてて，彼の仕事の一端を示す．彼は数学の形式面を重視した．虚数単位 i を導入し，

(1) $$e^{ix} = \cos x + i \sin x$$

と定義した．彼の仕事の1つの特徴は，収束，発散にこだわらず無限級数を大胆に用いたことである．e^x のテイラー展開に i を導入してかくと，

$$e^{ix} = 1 + \frac{1}{1!}(ix) + \frac{1}{2!}(ix)^2 + \cdots + \frac{1}{n!}(ix)^n + \cdots$$
$$= \sum_{n=0}^{\infty} (-1)^n \frac{1}{(2n)!} x^{2n} + i \sum_{n=0}^{\infty} (-1)^n \frac{1}{(2n+1)!} x^{2n+1}.$$

ここで $\cos x, i \sin x$ のテイラー展開を考えると(1)がなりたつことがわかる．今日の言葉でいえば，e^x のテイラー展開を用いて，一般複素変数 z に対し

(2) $$e^z = 1 + \frac{1}{1!}z + \frac{1}{2!}z^2 + \cdots + \frac{1}{n!}z^n + \cdots$$

と定義して，解析的延長を定義した．これより，ただちに $e^z e^{z'} = e^{z+z'}$ がしたがう．またオイラーは，有名なベータ関数，ガンマ関数

$$B(p,q) = \int_0^1 t^{p-1}(1-t)^{q-1} dt$$

$$\Gamma(s) = \int_0^\infty e^{-t} t^{s-1} dt$$

を導入した．$\Gamma(n+1) = n!$ $(n=0, 1, 2, \cdots)$ であり，この積分表示から，スターリングの公式

$$n! \sim \sqrt{2\pi n}\left(\frac{n}{e}\right)^n \quad (n\to\infty)$$

がしたがう．初等関数を，その解析性(テイラー展開ができること)を用いて，それらの定義範囲を複素平面に拡大したことは，解析学に重要な素材を提供した．これらは，ラグランジュを経てコーシーに受けつがれ，19世紀後半にいたり，複素解析の名のもとに解析学の重要な一分野に発展した．

素数が無限個あることをオイラーはつぎのように示している．素数が有限個しかないとする．$p_1, p_2, \cdots, p_N$ をその全部であるとする．すべての自然数は素数のべきの積として一意的にかき表されるという事実を認めると，$s>1$ として，

$$\prod_{i=1}^N \left(1 - \frac{1}{p_i^s}\right)^{-1} = \prod_{i=1}^N \left(1 + \frac{1}{p_i^s} + \frac{1}{p_i^{2s}} + \cdots\right) = \sum_{n=1}^\infty \frac{1}{n^s}.$$

s を1に近づけると，左辺は明らかに有限な極限値，すなわち $\prod_{i=1}^N \left(1 - \frac{1}{p_i}\right)^{-1}$ をもつが，右辺は ∞ に発散する(いくらでも大になる)．これは明らかに不合理である．

オイラーの導入した $e^{i\theta}$ は複素平面で見れば，複素数の極座標表示に基本的な役割を果たしている．実際，2次元の座標平面において，原点を中心とする単位円周上の点の座標は $(\cos\theta, \sin\theta)$ で表されるが，これを複素平面で見れば，$\cos\theta + i\sin\theta = e^{i\theta}$ が対応するからである．

$$z = re^{i\theta}$$

が複素数の極座標表示であり，$r\,(=|z|)$, θ はそれぞれ z の絶対値，偏角とよばれている．

なお一般複素数 $z=x+iy$ に対して
$$e^z = e^x e^{iy} = e^x(\cos y + i \sin y)$$
となる．したがって，$|e^z|=e^x=e^{\mathrm{Re}\,z}$ がなりたつ．

オイラーの時代では，虚数単位 i は単に記号として扱われていた．複素数が市民権をえたのは，ガウスが複素平面を導入した 19 世紀である．

5　ラグランジュ

Joseph Louis Lagrange(1736-1813)

I　変分法，ラグランジュの乗数法

　ラグランジュ(J. L. Lagrange, 1736-1813)はイタリアのトリノで生まれ，19歳でトリノの王立砲工学校の教授となった．トリノ市はフランスとイタリアの国境に位置し，現在フィアットの自動車工場がある，文化・工業都市である．彼は若くしてオイラーの仕事に着目し，変分学・天体力学に業績を挙げ，1766-87年の間，オイラーの後継者としてベルリン科学アカデミー数学部門の長となったが，1787年パリに移った．解析力学の創始者である．

　彼が発案した変分学の解析的方法を説明する．

$$I = \int_\Gamma f(t, x, x')dt$$

を考える．Γは曲線$x(t)\,(a \leq t \leq b)$を表す．ていねいにかけば

$$I[x(t)] = \int_a^b f(t, x(t), x'(t))dt$$

である．目的は$(x(a), x(b))$を指定して，Iを最大または最小にする$x(t)$を求めることである．

　そのために停留的(extremal)といわれる，$x(t)$のみたすべき必要条件を考える．そのために，$x(t)$を$x(t)+\varepsilon\eta(t)$でおきかえたときのIの変化を調べる．ここでεは小さいパラメータで，$\eta(t)$は$\eta(a)=\eta(b)=0$をみたすとする．

$$I[x(t)+\varepsilon\eta(t)]-I[x(t)] = \varepsilon\int_a^b [f_x\eta(t)+f_{x'}\eta'(t)]dt + O(\varepsilon^2)$$

とかけ$(f_x=\partial f/\partial x)$，右辺の第1項は部分積分を用いると，

$$\delta I = \varepsilon\int_a^b \eta(t)\left(f_x - \frac{d}{dt}f_{x'}\right)dt$$

さらに $\eta(t)$ は任意であるから，$\delta I=0$（第 1 変分 $=0$）であるためには，

$$\text{(1)} \qquad f_x - \frac{d}{dt}f_{x'} = 0$$

が必要である．ここでたとえば f_x とは，$f_x(t, x(t), x'(t))$ を指す．(1) はオイラー・ラグランジュの方程式とよばれている．

彼の思考の柔軟性を示す 1 例として，ラグランジュの乗数(multiplier)法とよばれる方法を説明する．まず実例を示す．体積一定の直円錐のうちで側面積が最小になるのは，高さ h と底面(円)の半径の比が何のときか，という問題を考える．これは $r^2h=c$（一定）の条件のもとで，側面積 $S=\pi r\sqrt{r^2+h^2}$ の最小値を求めることである．

パラメータ λ(multiplier)を導入して，

$$f(r, h) = \pi r\sqrt{r^2+h^2} - \lambda r^2 h$$

とおき，$f_r=f_h=0$ となる (r, h) を求める．

$$\text{(2)} \qquad f_r = \pi(2r^2+h^2)/\sqrt{r^2+h^2} - 2\lambda rh = 0$$
$$\text{(3)} \qquad f_h = \pi rh/\sqrt{r^2+h^2} - \lambda r^2 = 0$$

であるから，(2)$\times r$−(3)$\times 2h$ によって λ を消去すれば，$2r^2-h^2=0$ すなわち $r:h=1:\sqrt{2}$ をえる．

上記の計算の原理を説明しよう．

与えられた条件を

$$\text{(4)} \qquad g(x, y) = 0$$

とする．$g(x, y)$ は C^1 級の関数で，$(x, y)=(x_0, y_0)$ で(4)をみたし，かつ (x_0, y_0) の近傍で $(g_x, g_y) \neq (0, 0)$ をみたすものとする．このとき，(x_0, y_0) の小近傍では条件式(4)はパラメータ t を用いて，$(x, y)=(x(t), y(t))$，$|t|<a$，$(x(0), y(0))=(x_0, y_0)$ と表される(陰関数の定理)．さらに $(x'(t), y'(t)) \neq (0, 0)$，$|t|<a$ と仮定できる．当然

$$\text{(5)} \qquad g_x\frac{dx}{dt} + g_y\frac{dy}{dt} = 0$$

がなりたつ．

 他方，$f(x, y)$ を (x_0, y_0) の近傍で定義された C^1 級の関数とする．(x, y) を集合 $g(x, y) = 0$ 上に制限したものは $f(x(t), y(t))$ と表されるから，$f(x, y)$ が (x_0, y_0) で停留的であることは $\left.\dfrac{df}{dt}\right|_{t=0} = 0$ と表される．ゆえに，停留値条件は

(6) $$f_x \frac{dx}{dt} + f_y \frac{dy}{dt} = 0$$

と表現される．

 まず(5)より

(7) $$\frac{dx}{dt} : \frac{dg}{dt} = -g_y : g_x$$

であるから，この関係式を(6)に代入すると

(8) $$f_x(-g_y) + f_y g_x = 0$$

をえる．これは

(9) $$\begin{vmatrix} f_x & f_y \\ g_x & g_y \end{vmatrix} = 0$$

と表される．さらに，$(g_x, g_y) \neq (0, 0)$ より，一意的にきまる λ があって，

(10) $$(f_x, f_y) = \lambda (g_x, g_y)$$

と表されることになる．これより

(11) $$\begin{cases} f_x - \lambda g_x = 0 \\ f_y - \lambda g_y = 0 \end{cases}$$

がなりたつことがわかる．このことは

(12) $$f_0 = f - \lambda g$$

とおいたとき，$df_0 = 0$ が $(x, y) = (x_0, y_0)$ でなりたつことを示している．いいかえれば，(x_0, y_0) は(12)で定義される $f_0(x, y)$ の停留点である．なお上記の条件 $g(x, y) = 0$ を $g(x, y) = c$（定数）でおきかえても結論は同じである．

II 解析関数論,解析力学

ラグランジュの仕事の特徴は,その優雅と一般性にある.見たところ,何でもないようで,実は内容が豊かで基本的な事実が多い.それを2例によって説明する.

ラグランジュの補間公式

関数 $f(x)$ は n 次の多項式で相異なる根 x_i をもつとする:$f(x)=\prod_{i=1}^{n}(x-x_i)$.他方 $g(x)$ をたかだか $(n-1)$ 次の多項式とすると,

$$\frac{g(x)}{f(x)} = \sum_{n=1}^{n} \frac{g(x_i)}{f'(x_i)} \frac{1}{x-x_i}$$

がなりたつ.補間という意味は,相異なる n 個の点 x_i と値 $g(x_i)$ を指定したとき,それをみたす $(n-1)$ 次の多項式を与えるからである.またこれは部分分数展開を与える公式である.たとえば a, b, c を相異なる数としたとき,

$$\frac{x^2}{(x-a)(x-b)(x-c)} = \frac{a^2}{(a-b)(a-c)} \frac{1}{x-a} + \frac{b^2}{(b-a)(b-c)} \frac{1}{x-b} + \frac{c^2}{(c-a)(c-b)} \frac{1}{x-c}$$

さらに,これは代数方程式のべき根による可解性を考えるときに用いられ,ガロアの理論に決定的な役割を演ずることになった.

ラグランジュの補間公式はなんでもないように見えるが,よく考えてみると当時の数学のレベルからみてよく考え出されたものであることがわかる.大抵の書物では現代代数の基礎知識を使ってこれが証明されているが,ここでは解析関数の立場からこの公式を説明してみよう.なおラグランジュは1772年に『解析関数論』(*Théorie des fonctions analyti-*

ques)を世に出したが,これは当時の解析学に大きな進歩をもたらしたことを注意しておこう.

現代的な立場からラグランジュの補間公式を見直せばつぎのようになるであろう.まず x を複素変数とし,

$$F(x) = \frac{g(x)}{f(x)} - \sum_{i=1}^{n} \frac{g(x_i)}{f'(x_i)(x-x_i)}$$

とおくと,

1) $F(x)$ は $\dfrac{g(x)}{f(x)}$ の可能な孤立特異点 $\{x_i\}_{i=1,2,\cdots,n}$ におけるそれぞれの可能な主要部分 $\dfrac{g(x_i)}{f'(x_i)(x-x_i)}$ をすべてとり去った関数であるから全平面で正則である.

2) $F(x)$ は $x \to \infty$ のとき 0 に収束するから,リゥヴィルの定理(後出,第6章「コーシー」参照)により $F(x) \equiv 0$ がしたがう.

1)の部分を初等的な方法で簡単に説明しよう.つぎの関数 $F_1(x)$ の $x = x_1$ の近傍における挙動を調べよう.

$$(13) \qquad F_1(x) = \frac{g(x)}{f(x)} - \frac{g(x_1)}{f'(x_1)(x-x_1)}.$$

$f(x) = (x-x_1)Q(x-x_1)$ と分解する.Q は多項式で,$x - x_1 = z$ とおくと,

$$Q(z) = a_0 + a_1 z + \cdots + a_{n-1} z^{n-1}, \qquad Q(0) = a_0 = f'(x_1).$$

$$\frac{g(x)}{f(x)} = \frac{g(x_1+z)}{zQ(z)}, \quad かつ\ g(x_1+z) - g(x_1) = zh(z) \quad (h(z) は多項式)$$

より,

$$(14) \qquad F_1(x) = \frac{g(x_1+z)}{zQ(z)} - \frac{g(x_1)}{zQ(0)}$$

$$= \frac{1}{z}\frac{g(x_1+z)-g(x_1)}{Q(z)} + \frac{g(x_1)}{z}\left(\frac{1}{Q(z)} - \frac{1}{Q(0)}\right)$$

$$= \frac{h(z)}{Q(z)} + g(x_1)\frac{1}{z}\left(\frac{1}{Q(z)} - \frac{1}{Q(0)}\right).$$

ここが一番大事なところであるが,つぎのことが示される.$\varepsilon(>0)$ を小さくとれば,$\dfrac{1}{Q(z)}$ は $|z|<\varepsilon$ で収束する整級数として一意的に定まる.

(15) $\quad \dfrac{1}{Q(z)} = \dfrac{1}{a_0+a_1z+\cdots+a_{n-1}z^{n-1}} = c_0+c_1z+\cdots+c_pz^p+\cdots.$

ここで $c_0 = \dfrac{1}{a_0} = \dfrac{1}{Q(0)}$ である.これより $F_1(z)$ は $|z|<\varepsilon$ で収束する整級数で表されることがわかる.以上によって $F(x)$ は全平面で正則関数であることが示された.

解析力学

彼の著作『解析力学』は,これに接した,若年のハミルトンをして,「これは科学の詩である」と感激せしめたものである.長年にわたる複雑な天体力学の計算の結果,それらの計算の原理をまとめたものであるが,彼の創始した変分学の解析的方法——第1変分を示す δ は彼の提案した記号である——と,生涯にわたる友人であったフランスの数学者ダランベールの原理が,ここで見事に結実している.

簡単のために保存力場を運動する質点の問題を考える.

まず,自由運動の場合,軌道に沿ってとった時間積分

(16) $\quad I = \displaystyle\int_{t_0}^{t_1} \left\{ \dfrac{m}{2}(\dot{x}^2+\dot{y}^2+\dot{z}^2) - U(x,y,z) \right\} dt$

に対して,

$\delta I = 0$(第1変分$=0$) $\Longleftrightarrow$

$-\operatorname{grad} U - m\dfrac{d^2}{dt^2}\vec{x} = 0$ (オイラー・ラグランジュの方程式)

は容易に検証される.ここで $\vec{x}(t) = (x(t), y(t), z(t))$.

ついで3次元空間の曲面 S 上を運動する場合(束縛条件下の運動)を考える.

$$m\frac{d^2}{dt^2}\vec{x}(t) = -\operatorname{grad} U + \vec{F}'$$

とおく．$\vec{F}'$ は質点に働く束縛力である．ところで $(\delta x, \delta y, \delta z) = \delta\vec{x}(t)$ を $\vec{x}(t)$ の S 上の微小仮想変位(厳密には，その第1変分)とし，摩擦がないとして考えると，ダランベールの仮想仕事の原理から $\langle \vec{F}', \delta x(t) \rangle = 0$，したがって変分を S 上に制限して考えることにすれば，形式的には(16)と同じ I に対する $\delta I = 0$ がなりたつ．さらに S 上の点を表す局所座標 $(q_1, q_2) = q$ を導入すれば，S 上で

$$\frac{m}{2}(\dot{x}^2 + \dot{y}^2 + \dot{z}^2) = \frac{m}{2}(a_{11}(q)\dot{q}_1^2 + 2a_{12}(q)\dot{q}_1\dot{q}_2 + a_{22}(q)\dot{q}_2^2)$$
$$\equiv T(q, \dot{q})$$

$U(x, y, z) = V(q)$ の形にかけるから $\delta I = 0$ は，

$$\delta \int_{t_0}^{t_1} \{T(q, \dot{q}) - V(q)\} dt = 0$$

ゆえに，対応するオイラー・ラグランジュの方程式は

$$\frac{\partial T}{\partial q_1} - \frac{\partial V}{\partial q_1} - \frac{d}{dt}\frac{\partial T}{\partial \dot{q}_1} \equiv \frac{\partial L}{\partial q_1} - \frac{d}{dt}\frac{\partial L}{\partial \dot{q}_1} = 0$$

$$\frac{\partial T}{\partial q_2} - \frac{\partial V}{\partial q_2} - \frac{d}{dt}\frac{\partial T}{\partial \dot{q}_2} \equiv \frac{\partial L}{\partial q_2} - \frac{d}{dt}\frac{\partial L}{\partial \dot{q}_2} = 0$$

となる．ここで $L = T - V$ はラグランジアンとよばれている．S 上の運動を記述するニュートンの運動方程式の表現である．彼の残した数学的遺産は大きく，ソルボンヌ大学の近くのパンテオンで彼は永眠している．

6　コーシー

Augustin Louis Cauchy (1789-1857)

I　複素解析

1989年はフランス革命200年祭がミッテラン大統領の肝いりでフランスで盛大に行なわれた．コーシー(A. L. Cauchy, 1789-1857)も生誕200年に当たる．活躍した時代からいえば，ラプラス，フーリェがコーシーに先んずるが，ラグランジュの後継者という意味でコーシーを取り上げる．ここでは彼の創始した複素解析(complex analysis)について，その一端を示したい．

複素数 $a+bi$ の b を虚数部分，あるいは簡単に虚部というが，これには実在から峻別するという姿勢が感ぜられる．しかし，原語は imaginary part であって，虚数単位 i はこの頭文字である．imaginary という原語はロマンを感じさせる．量子力学の基礎方程式であるシュレディンガー方程式も虚数単位 i の導入によって簡単にかき表されている．何はともあれ長年の混迷を経て複素数は市民権を獲得した．この過程でガウス(C. F. Gauss, 1777-1855)が果たした役割は大きい．彼が複素数を平面(ガウス平面)の点として表示し，複素数の和・積・商の直観的な把握を示したことは大きな説得力をもった．

複素解析は正則関数(holomorphic function)を対象とする．正則関数の中でも，多項式や有理式：

$$f(z) = a + a_1 z + \cdots + a_n z^n$$

$$\frac{f(z)}{g(z)} = \frac{a_0 + a_1 z + \cdots + a_n z^n}{b_0 + b_1 z + \cdots + b_m z^m}$$

は基本的である．ただし，有理式は分母が0でないところで考える．$f(z)$ が正則であるとは複素の意味で微分可能であって，$f'(z)$ が連続であることをいう．ていねいにいえば，前者は

$$f(z_0 + \Delta z) - f(z_0) = A \Delta z + \varepsilon(\Delta z) \Delta z$$

がなりたつとき，$f(z)$ は z_0 で微分可能という．A は1つの数であり $\varepsilon(\Delta z)$ は $\Delta z \to 0$ のとき 0 になる量である．この A を $f'(z_0)$ とかき，$f(z)$ の z_0 における微係数という．

上にあげた関数が正則であることは微積分の初歩のやり方からわかる．つぎの事実は重要である．

$f(z)=f(x+iy)=F(x,y)$ とおく．$f(z)$ が正則であるための条件は，$F(x,y)$ が $\dfrac{\partial F}{\partial x}, \dfrac{\partial F}{\partial y}$ とともに連続で

(1) $$\frac{\partial F}{\partial x} + i\frac{\partial F}{\partial y} = 0$$

をみたすことである．(1)はコーシー・リーマンの関係式とよばれている．

つぎの定理は1世紀に一度出るか，出ないかという数学の大定理である．コーシー自身この定理に到着するのに長い年月を費やした．

定理(コーシーの基本定理) C を区分的になめらかな単一閉曲線とし，$f(z)$ は C で囲まれた領域 D のみならず境界 C まで含めて正則とするとき，

(2) $$\int_C f(z)dz = 0$$

がなりたつ．

証明．(1)とガウス・グリーンの定理を用いる．

$$\int_C f(z)dz = \int_C F(x,y)(dx+idy)$$
$$= \iint_D \left(-\frac{\partial F}{\partial y} + i\frac{\partial F}{\partial x}\right)dxdy = 0.$$

(証明終わり)

ここで C は1つでなくてもよい．何もいわなければ，曲線 C には正の向きがつけられているものとする．正の向きは，D を左側に見なが

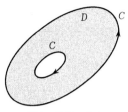

図1 曲線の向き

ら回る向きである(図1参照).

一般に,曲線は $(x(t), y(t))$ $(0 \leq t \leq 1)$ としてパラメータを用いて表される.したがって,$z(t) = x(t) + iy(t)$ であり,複素積分は

$$\int_C f(z)dz = \int_0^1 f(z(t))(dx(t) + idy(t))$$
$$= \int_0^1 f(z(t))(x'(t) + iy'(t))dt$$

によって定義される複素平面上の曲線積分である.

上の定理から複素解析の出発点として重要な役割を演ずるつぎの定理がしたがう.

コーシーの積分定理 コーシーの基本定理と同じ仮定をおく.$a \in D$ に対して

$$f(a) = \frac{1}{2\pi i} \int_C \frac{f(z)}{z-a} dz$$

がなりたつ.

証明.a を中心とする半径 ε の円周を C_ε とする.基本定理より,

$$\int_C \frac{f(z)}{z-a} dz - \int_{C_\varepsilon} \frac{f(z)}{z-a} dz = 0$$

(図2参照).ここで C_ε の向きは反時計回りである.ゆえに

(3) $$\int_C \frac{f(z)}{z-a} dz = \int_{C_\varepsilon} \frac{f(z)}{z-a} dz.$$

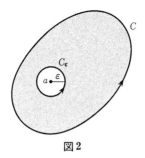

図2

ここで,左辺は積分路 C_ε の $\varepsilon(>0)$ に無関係であることに注意しながら右辺を考える.

$$\int_{C_\varepsilon}\frac{f(z)}{z-a}dz = f(a)\int_{C_\varepsilon}\frac{1}{z-a}dz + \int_{C_\varepsilon}\frac{f(z)-f(a)}{z-a}dz$$

と分解する.右辺第1項は,$z-a=\varepsilon e^{i\theta}$,$0\leq\theta\leq 2\pi$,とおいて考えれば,$2\pi i f(a)$ である.他方,

$$|(\text{右辺第2項})| \leq \frac{1}{\varepsilon}\max_{|z-a|=\varepsilon}|f(z)-f(a)|\cdot 2\pi\varepsilon$$

と評価されるから,$\varepsilon\to 0$ のとき 0 に近づく.(3)より,

$$\int_C \frac{f(z)}{z-a}dz = 2\pi i f(a) + O(\varepsilon).$$

ε は任意に小にとれるから,定理が示された.

II 正則関数

正則関数とテイラー展開とは表裏の関係にある.複素平面上の領域 D で $f(z)$ を正則とする.このとき,D の任意の点 a に対して,ある δ (>0) があって,

(4) $\quad f(z) = c_0 + c_1(z-a) + \cdots + c_n(z-a)^n + \cdots$

が $|z-a|<\delta$ でなりたつ.ここで $c_n=\dfrac{1}{n!}f^{(n)}(a)$ である.逆もなりたつ.

すなわち(4)の右辺のべき級数が $|z-a|<\delta$ で収束級数であれば，右辺は $|z-a|<\delta$ で正則関数を表し，したがってそれを $f(z)$ とすれば，c_n は上の式で定義される．さらに

$$f'(z) = c_1 + 2c_2(z-a) + \cdots + nc_n(z-a)^{n-1} + \cdots$$

が $|z-a|<\delta$ でなりたつ（項別微分可能）．

微積分の演算公式は複素積分に拡張される．曲線 $C: z=z(t)$ $(=x(t)+iy(t))$, $t_0 \leq t \leq t_1$ の近傍で $f(z)$ は正則とするとき，

(5) $\quad f(z(t_1)) - f(z(t_0))$

$$= \int_{t_0}^{t_1} f'(z(t)) \frac{dz}{dt} dt = \int_{z(t_0)}^{z(t_1)} f'(z(t)) dz(t) = \int_C f'(z) dz$$

がなりたつ．ここで最初の等号は微積分の基本公式であり，第2の等号は曲線積分の性質からしたがう．最後の等式は記号の簡略化である．また部分積分の公式は

$$\int_C F'(z) g(z) dz = F(z) g(z) \Big|_{z=z_0}^{z=z_1} - \int_C F(z) g'(z) dz$$

となる．ここで $F(z), g(z)$ は C の近傍で正則とする．

コーシーが最初に力を注いだのは留数計算であるといわれている．留数計算は，原理において，コーシーの積分定理と密接に関連している．まずつぎのことに着目しよう．C_ε を点 a を中心とする半径 ε の円周とする．向きは反時計回りとし，m を整数としたとき，

(6) $\quad \displaystyle\int_{C_\varepsilon} \frac{dz}{(z-a)^m} = \begin{cases} 0, & m \neq 1 \\ 2\pi i, & m = 1 \end{cases}$

がなりたつ．実際 $z-a = \varepsilon e^{i\theta}$, $0 \leq \theta \leq 2\pi$ とする．$\frac{dz}{d\theta} = \varepsilon i e^{i\theta}$, $(z-a)^m = \varepsilon^m e^{im\theta}$ より，

$$(z-a)^{-m} \frac{dz}{d\theta} = \varepsilon^{-(m-1)} i e^{-i(m-1)\theta}.$$

(5)を用いて，

$$\int_{C_\varepsilon} \frac{1}{(z-a)^m} dz = \varepsilon^{-(m-1)} i \int_0^{2\pi} e^{-i(m-1)\theta} d\theta$$

であるから，(6)が示された．

留数のいわれはつぎの事実に基づく．

$$f(z) = \frac{g(z)}{(z-a)^k}$$

とする．k は正の整数，$g(z)$ は $z=a$ の近傍，$|z-a|<\delta$ で正則であるとする．C_ε を a を中心とし，半径 $\varepsilon\,(<\delta)$ の円周としたとき，

$$\int_{C_\varepsilon} f(z) dz$$

は何で表されるかという問題を考える．ただし C_ε は反時計回りとする．答はつぎの通り．$g(z)$ を $z=a$ のまわりにテイラー展開し，

$$g(z) = g_{-k} + g_{-k+1}(z-a) + \cdots + g_{-1}(z-a)^{k-1} + \cdots,$$

$$f(z) = \frac{g_{-k}}{(z-a)^k} + \frac{g_{-k+1}}{(z-a)^{k-1}} + \cdots + \frac{g_{-1}}{z-a} + f_0(z)$$

と表現する．ここで $f_0(z)$ は $|z-a|<\delta$ で正則である．この g_{-1} を $f(z)$ の極 (pole) a における留数 (residue) とよび，$\mathop{\mathrm{Res}}\limits_{z=a}[f(z)]$ とかく．(6)と $f_0(z)$ の正則性から，

(7) $$\int_{C_\varepsilon} f(z) dz = 2\pi i\, g_{-1} = 2\pi i \mathop{\mathrm{Res}}\limits_{z=a}[f(z)]$$

となる．特に $k=1$ のときは，

(8) $$\int_{C_\varepsilon} f(z) dz = 2\pi i\, g(a)$$

となる．

以下例を2つあげる．

例1 λ を実数とするとき，

$$\int_{-\infty}^{\infty}\frac{e^{i\lambda x}}{1+x^2}dx = \pi e^{-|\lambda|}$$

がなりたつことを示す．$f(z)=\dfrac{e^{i\lambda z}}{1+z^2}$ とおく．

まず，$\lambda>0$ のときを考える．

(9) $$\int_{-R}^{R}f(z)dz+\int_{C_R^+}f(z)dz = \int_{C_\varepsilon}f(z)dz$$

(図3参照)．$g(z)=\dfrac{e^{i\lambda z}}{z+i}$ とすると，(8) より

$$(右辺) = 2\pi i \operatorname*{Res}_{z=i}[f] = 2\pi i \frac{e^{i\lambda i}}{2i} = \pi e^{-\lambda}.$$

ついで左辺第2項は，

$$|f(z)| \leq \frac{2}{R^2}|e^{i\lambda z}| = \frac{2}{R^2}e^{-\lambda \operatorname{Im} z} \leq \frac{2}{R^2}$$

であり，積分路 C_R^+ の長さは πR であるから，$R\to\infty$ のとき 0 に近づく．ゆえに

$$\lim_{R\to\infty}\int_{-R}^{R}f(z)dz = \pi e^{-\lambda}.$$

$\lambda<0$ のとき，前と違うのは C_R^+ を C_R^- でおきかえる必要がある．そのとき，(9) の右辺は $\int_{C_\varepsilon'}f(z)dz$ となる．C_ε' の向きは時計回りになる．

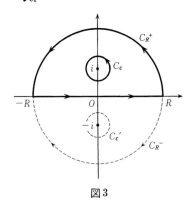

図3

答は，$-2\pi i \operatorname*{Res}_{z=-i}[f] = \pi e^{\lambda}$.

例 2

$$\int_0^\infty \frac{\sin x}{x} dx = \frac{\pi}{2}$$

を留数計算で求める．

まず $f(z) = \dfrac{e^{iz}}{z}$ を図 4 にある積分路に沿って積分する．

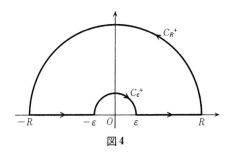

図 4

(10) $\displaystyle\int_{-R}^{-\varepsilon} f(z)dz + \int_{C_\varepsilon^+} f(z)dz + \int_\varepsilon^R f(z)dz + \int_{C_R^+} f(z)dz$

$\equiv I_1 + I_2 + I_3 + I_4 = 0.$

$I_1 + I_3 = 2i \displaystyle\int_\varepsilon^R \frac{\sin x}{x} dx,$

$I_2 = \displaystyle\int_{C_\varepsilon^+} \frac{e^{iz}}{z} dz = \int_{C_\varepsilon^+} \frac{1}{z} dz + \int_{C_\varepsilon^+} \frac{e^{iz}-1}{z} dz,$

(右辺第 1 項) $= -\pi i$，および $|e^{iz}-1| \leq 2|z|$ を考慮すれば，$I_2 = -\pi i + O(\varepsilon)$.

$I_4 = \displaystyle\int_{C_R^+} \frac{1}{z} e^{iz} dz = \frac{1}{i} \frac{1}{z} e^{iz} \Big|_{z=R}^{z=-R} + \frac{1}{i} \int_{C_R^+} \frac{1}{z^2} e^{iz} dz.$

$|e^{iz}| \leq 1,\ z \in C_R^+,\ $ より $I_4 = O\!\left(\dfrac{1}{R}\right).$

(10) より，

$$2i \int_\varepsilon^R \frac{\sin x}{x} dx - \pi i + O(\varepsilon) + O\!\left(\frac{1}{R}\right) = 0.$$

$\varepsilon \to 0$, ついで $R \to \infty$ とすることにより求める結果をえる.

つぎにのべるリゥヴィル(J. Liouville, 1809-82)の定理は簡潔にして要をえた複素解析の定理である.

定理 全平面で正則, かつ有界な関数 $f(z)$ は定数値関数である.

証明はつぎの通り.
$$f(z) = \frac{1}{2\pi i} \int_{|\zeta|=R} \frac{f(\zeta)}{\zeta - z} d\zeta, \quad |z| < R$$
より,
$$f'(z) = \frac{1}{2\pi i} \int_{|\zeta|=R} \frac{f(\zeta)}{(\zeta - z)^2} d\zeta.$$
$|f(z)| \leq M$ より,
$$|f'(z)| \leq \frac{1}{2\pi} \frac{M}{(R-|z|)^2} 2\pi R.$$
$R \to \infty$ とすると右辺は 0 に近づく. よって $f'(z) = 0$ が任意の z に対してなりたつ. ゆえに $f(z)$ は定数である.

この定理の応用として, ガウスの代数学の基本定理を簡単に示すことができる.

定理 n 次の代数方程式
$$f(z) = z^n + a_{n-1} z^{n-1} + \cdots + a_0 = 0$$
は重複度を合わせて考えると, ちょうど n 個の根をもつ.

この証明には少なくとも 1 根をもつことを示せば十分である. 実際, 上の方程式の 1 根を z_1 とすれば, $f(z) = (z-z_1) f_1(z)$ とかける. $f_1(z)$ は $(n-1)$ 次式である. $n \geq 2$ であれば, $f_1(z) = (z-z_2) f_2(z)$ とかけるから, $f(z) = (z-z_1)(z-z_2) f_2(z)$. 以下同様の推論をくり返せばよい. さて, 証明は矛盾法による. 上の方程式が根をもたないとする. $g(z) = \dfrac{1}{f(z)}$ は全平面で正則で, かつ $|z| \to \infty$ のとき 0 に近づくから, 有界である.

リュヴィルの定理により $g(z)=$ 定数 である．ゆえに $f(z)$ は定数である．これは矛盾．

III 数列と級数の収束

フランス人は解析学の創始者としてコーシーをかつぐ．その理由は確かにある．彼は複素解析の創始者であるのみならず，解析学の多方面にわたって仕事をした．解析学に批判的精神を持ち込み，種々の定義を厳密にすると同時に，直観的な推論を明確なもの（算術的といわれるもの）におきかえた．いわゆる ε-δ 論法を持ち込み，極限，連続，定積分等の概念を明確にしたのも彼である．

この方面の仕事の一端を示す簡単な例をあげよう．つぎのことは一般には当然のこととして受け入れられている：級数 $\sum_{n=1}^{\infty} c_n$ は，もし $\sum_{n=1}^{\infty} |c_n|$ が有限ならば収束である．ところが，その理由の説明を求められたら，答は自明とはいえないことに気がつくであろう．コーシーの立場はつぎの通りである．

収束の定義．数列 $\{c_n\}$ が収束列であるとは，ある γ があって，任意の $\varepsilon(>0)$ に対して N がとれて，$n \geq N$ であれば，$|c_n-\gamma|<\varepsilon$ がなりたつことである．ここで γ は $\{c_n\}$ の極限値とよばれる．

しかし，このままでは，数列の収束を示すことと，γ を具体的に求めることが，ほとんど同等なことになり，場合によっては暗礁に乗り上げてしまう．コーシーは収束の判定条件として，γ を介入させないで判定されるつぎの定理を与えた．

定理 数列 $\{c_n\}$ が収束列であるための必要十分条件は，任意の $\varepsilon(>0)$ に対して N がとれて，$m, n \geq N$ ならば，

(11) $$|c_m-c_n| < \varepsilon$$

がなりたつようにできることである．

したがって，級数 $c_1+c_2+\cdots+c_n+\cdots$ の収束は，$s_1=c_1$, $s_2=c_1+c_2$, $\cdots$, $s_n=c_1+c_2+\cdots+c_n$, として，数列 $\{s_n\}$ の収束と同意義であることを思いおこせば，つぎの系がえられる．

系 級数 $\sum_{n=1}^{\infty} c_n$ が収束であるための必要十分条件は，任意の $\varepsilon(>0)$ に対して，N がとれて，$m, n \geq N$ ならば，
$$|c_n+c_{n+1}+\cdots+c_m| < \varepsilon$$
がなりたつようにできることである．

このように考えれば，最初にのべた命題は当然のこととして理解できる．

IV　コーシーの折線

コーシーは微分方程式，さらに偏微分方程式の初期値問題について基本的な結果をえている．そのうちの1つとして，一般常微分方程式に対する局所解の存在を示した仕事がある．これを以下に説明する．方法は今日コーシーの折線とよばれる方法によるものであり，解析において基本的である．

$y(a)=b$ と指定したとき，微分方程式
$$(12) \qquad y' = f(x, y), \quad x \in [a, a']$$
の解 $y(x)$ が $[a, a']$ で存在することを示す．$f(x, y)$ は範囲 $D: x \in [a, a']$, $|y-b| \leq c\,(>0)$ で定義されており連続とする．$M = \max_{D} |f(x, y)|$ とおく．さらに必要があれば，a' を a の近くにとりかえることによって，$M(a'-a) \leq c$ がみたされているものとする．$[a, a']$ の分割 Δ: $a=x_0<x_1<x_2<\cdots<x_n=a'$ を考える．まず点 (a, b) を起点として，勾配 $f(a, b)$ の線分 $y(x)=b+f(a,b)(x-a)$, $a \leq x \leq x_1$, ついでこの線分の $x=x_1$ における値を y_1 とし，(x_1, y_1) を起点とし勾配 $f(x_1, y_1)$ の線分 $y(x)=y_1+f(x_1, y_1)(x-x_1)$, $x_1 \leq x \leq x_2$ をとる．この操作を $x=x_n\,(=$

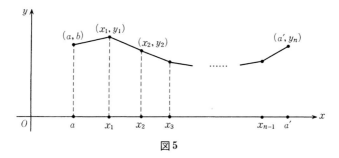

図 5

a' までくり返してえられる折線を $y_\Delta(x)$ とかく(図 5 参照).

まずつぎのことがなりたつ. 与えられた $\varepsilon\,(>0)$ に対して, $\delta\,(>0)$ があって, $h(\Delta)=\max\,(x_i-x_{i-1})<\delta$ であれば,

(13) $\qquad\qquad |y_\Delta{}'(x)-f(x,y_\Delta(x))|<\varepsilon.$

これより, 微積分の基本公式を用いて,

(14) $\qquad y_\Delta(x)-b-\int_a^x f(\xi,y_\Delta(\xi))d\xi=\varepsilon_\Delta(x)$

とおくと,

(15) $\qquad\qquad |\varepsilon_\Delta(x)|<\varepsilon(x-a).$

そこで, $[a,a']$ の分割列 $\Delta_1,\Delta_2,\cdots,\Delta_\nu,\cdots$ で, $h(\Delta_\nu)\to 0$, $\nu\to\infty$, となるものをとり, 対応する $y_\Delta(x)$ を $y_\nu(x)$ ($\nu=1,2,3,\cdots$), $\varepsilon,\varepsilon_\Delta(x)$ を ε_ν, $\varepsilon_\nu(x)$ とかく. $\varepsilon_\nu\to 0$ ($\nu\to\infty$) である. ゆえに (14) は,

(16) $\quad y_\nu(x)=b+\int_a^x f(\xi,y_\nu(\xi))d\xi+\varepsilon_\nu(x),\quad |\varepsilon_\nu(x)|<\varepsilon_\nu\cdot(x-a)$

となる. これより,

$$y_\mu(x)-y_\nu(x)=\int_a^x\{f(\xi,y_\mu(\xi))-f(\xi,y_\nu(\xi))\}d\xi+\varepsilon_\mu(x)-\varepsilon_\nu(x).$$

ここで $f(x,y)$ に, y に関してつぎのリプシッツ条件を仮定する.

(17) $\quad |f(\xi,y_\mu(\xi))-f(\xi,y_\nu(\xi))|\leq K|y_\mu(\xi)-y_\nu(\xi)|\quad (K>0).$

上式より,

$$(18) \quad |y_\mu(x) - y_\nu(x)|$$
$$\leq K \int_a^x |y_\mu(\xi) - y_\nu(\xi)| d\xi + (\varepsilon_\mu + \varepsilon_\nu) \cdot (x-a).$$

つぎの補題を用いる．

補題 $x \in [a, a']$ で $f(x) \geq 0$ は連続で，正の ε に対して，

$$(19) \quad f(x) \leq K \int_a^x f(\xi) d\xi + \varepsilon(x-a)$$

がなりたつならば

$$f(x) \leq \frac{\varepsilon}{K}(e^{K(x-a)} - 1)$$

がなりたつ．

これを用いると，(18)より

$$|y_\mu(x) - y_\nu(x)| \leq \frac{1}{K}(\varepsilon_\mu + \varepsilon_\nu)[e^{K(x-a)} - 1].$$

この不等式は，連続関数列 $\{y_\nu(x)\}$，$x \in [a, a']$ が一様収束の意味でコーシー列となることを示している．ゆえにその極限関数 $y_\infty(x)$ （連続関数）は(16)より，

$$(20) \quad y_\infty(x) = b + \int_a^x f(\xi, y_\infty(\xi)) d\xi$$

をみたす．

なおコーシーは，この定理を f ならびに $\frac{\partial f}{\partial y}$ が連続と仮定して示したが，後になってリプシッツ (R. O. S. Lipschitz, 1832-1903) がコーシーの推論を単純化するとともに，後者を y についてリプシッツ条件でおきかえて定理を示したので，今日コーシー・リプシッツの定理とよばれている．なお解の一意性は，上記(19)において $\varepsilon = 0$ としたとき，任意の n に対して，

$$f(x) \leqq K^n \int_a^x \frac{(x-\xi)^{n-1}}{(n-1)!} f(\xi) d\xi$$

がなりたつことからしたがう．右辺は $n\to\infty$ のとき 0 に収束することに留意すればよい．

補題はつぎの要領で示される．まず

$$f(x) \leqq K \int_a^x \left[K \int_a^\xi f(\xi_1) d\xi_1 + \varepsilon(\xi-a) \right] d\xi + \varepsilon(x-a)$$
$$= K^2 \int_a^x (x-\xi) f(\xi) d\xi + K\varepsilon \frac{(x-a)^2}{2!} + \varepsilon(x-a).$$

この操作をくり返せば，

$$f(x) \leqq K^n \int_a^x \frac{(x-\xi)^{n-1}}{(n-1)!} f(\xi) d\xi + \varepsilon(x-a) + K\varepsilon \frac{(x-a)^2}{2!} + \cdots$$
$$+ K^{n-1}\varepsilon \frac{(x-a)^n}{n!}$$

となる．これを用いればよい．

7　ラプラス

Pierre Simon Laplace (1749-1827)

I 球面調和関数

ラプラス (P. S. Laplace, 1749-1827) はフーリェ (J.-B.-J. Fourier, 1768-1830) と並んで本格的な数理科学 (mathematical science) の開拓者である．ラプラスは天体力学，確率論の両分野で活躍し，フーリェは今日のフーリェ級数，フーリェ変換を導入し，熱伝導の数学的理論を展開した．

異論はあるであろうが，両人はそれぞれ近代的確率論，偏微分方程式論の草分けといえるものではなかろうか．両人の仕事は類似の性質のものもあり，相補的である．ここではラプラスに光を当てて彼の解析学における寄与を示したい．

一般に，n 次元ユークリッド空間 $x=(x_1, x_2, \cdots, x_n)$ において

$$\left(\frac{\partial^2}{\partial x_1^2}+\frac{\partial^2}{\partial x_2^2}+\cdots+\frac{\partial^2}{\partial x_n^2}\right)f(x)$$

を Δf とかき，Δ をラプラシアンとよぶ．この作用素は物理学はもちろん，数学においても，その重要さにおいて今にいたるも中心的な役割を果たしている．彼の名前が冠せられる理由は歴史書によるとつぎの通り．

彼はニュートンの万有引力のポテンシャル $C/|x-a|$, $|x-a|=(2$ 点 x, a の距離$)=\{(x_1-a_1)^2+(x_2-a_2)^2+(x_3-a_3)^2\}^{\frac{1}{2}}$ が x の関数として，$x \neq a$ で

(1) $$\Delta\left(\frac{1}{|x-a|}\right) = 0$$

をみたすことを見出し，これより

(2) $$U(x) = \int_D \frac{\mu(\xi)}{|x-\xi|}d\xi$$

は D の補集合で $\Delta U(x)=0$ (調和関数) がなりたつことを示した．(ここで $d\xi=d\xi_1 d\xi_2 d\xi_3$, したがって 3 重積分である．) そして，この事実は

重要な役割を果たすであろうとのべている．なぜ重要なのかは，その後の発展を見れば明らかであろうが，1例を示す．

(2)で定義される $U(x)$ に対して，空間に任意の閉曲面 S をとり，その外向きの法線を n とし，また S で囲まれた領域を G とすると，

$$\int_S \frac{d}{dn} U(x) dS = -4\pi \int_G \mu(\xi) d\xi$$

がなりたつ．これは電磁気学で有名なガウスの定理である．その証明は(1)とガウス・グリーンの定理の組合せによるが，後に第10章「ガウス」で紹介する．なお，この公式は点電荷，面電荷の場合にもなりたつ．

彼の名が冠せられるものに，3次元空間の原点を中心とする単位球面 Ω 上の関数の，球面調和関数(spherical harmonics)による展開定理がある．これはフーリェ級数が単位円周上の関数 $f(\theta)$ の，微分作用素 $\frac{d^2}{d\theta^2}$ に関する固有関数系

$$\{1, \cos\theta, \sin\theta, \cos 2\theta, \sin 2\theta, \cdots\}$$

(完全直交系)による展開定理であることを考えれば，その自然な拡張である．$x = \omega r$ ($r = |x|$, $\omega \in \Omega$) とおくと，

(3) $$\Delta = \frac{\partial^2}{\partial r^2} + \frac{2}{r}\frac{\partial}{\partial r} + \frac{1}{r^2} \Lambda$$

とかける．Λ はラプラス・ベルトラミの作用素(2階の微分作用素)とよばれており，現在，一般リーマン多様体上に拡張されている重要な作用素である．

球面調和関数とは作用素 Λ の固有関数をいう．式で表せば，ある μ があって，

(4) $$\Lambda f(\omega) = -\mu f(\omega), \quad f(\omega) \not\equiv 0$$

がなりたつとき，$f(\omega)$ を固有値 $-\mu$ に対応する Λ の固有関数というが，これが球面調和関数ともよばれているものである．

Ω の点を極座標 $x = \sin\theta\cos\varphi$, $y = \sin\theta\sin\varphi$, $z = \cos\theta$ で表した

とき，
$$\Lambda f(\theta, \varphi) = \frac{1}{\sin\theta}\frac{\partial}{\partial\theta}\left(\sin\theta\frac{\partial f}{\partial\theta}\right) + \frac{1}{\sin^2\theta}\frac{\partial^2 f}{\partial\varphi^2}$$

となる．Ω の面積要素は $dS = \sin\theta\, d\theta d\varphi$ であるから，
$$(f, g)_\Omega = \iint f \cdot g\, dS = \int_0^\pi \int_0^{2\pi} f(\theta,\varphi) g(\theta,\varphi) \sin\theta\, d\theta d\varphi$$

となる．ゆえに
$$-(\Lambda f, g)_\Omega = \iint \left\{ \frac{\partial f}{\partial\theta}\cdot\frac{\partial g}{\partial\theta} + \frac{1}{\sin^2\theta}\frac{\partial f}{\partial\varphi}\cdot\frac{\partial g}{\partial\varphi} \right\} dS$$

となる．これより $(\Lambda f, g)_\Omega = (f, \Lambda g)_\Omega$，$-(\Lambda f, f)_\Omega \geq 0$，かつ等号がなりたつのは $f=$ 定数 の場合に限ること，さらに (4) において $\mu \geq 0$ であり，かつ $f=$ 定数 の場合を除いて $\mu > 0$ であることがわかる．

つぎのことがなりたつ．

(A) 斉次調和多項式 $P(x)$ の Ω 上への制限

(5) $$f(\omega) = P(x)|_{x\in\Omega}$$

は球面調和関数である．

(B) 逆に球面調和関数 $f(\omega)$ に対して，(5) をみたす斉次調和多項式が一意的に定まる．

(A) は容易にわかる．実際 (3) を用いれば，$P_k(x)$ を k 次調和多項式とすると，$P_k(x) = r^k f(\omega)$ より，
$$0 = \Delta P_k(x) = \{k(k+1) + \Lambda\} r^{k-2} f(\omega)$$

となり，

(6) $$\Lambda f(\omega) = -k(k+1) f(\omega)$$

がなりたつからである．

$f_k(\omega)$ が k 次の調和多項式から (5) によってえられたものであるとき，k 次の球面調和関数という．$j \neq k$ のとき $f_j(\omega)$ と $f_k(\omega)$ は直交する．すなわち，

$$\int_\Omega f_j(\omega) f_k(\omega) dS = 0$$

がなりたつ．これを示すために，$P_j(x) \to f_j(\omega)$, $P_k(x) \to f_k(\omega)$ とし，グリーンの公式

(7) $$\int_D \{\Delta u \cdot v - u \cdot \Delta v\} dx = \int_S \left\{\frac{d}{dn} u \cdot v - u \cdot \frac{d}{dn} v\right\} dS$$

を用いる．ここで D は曲面 S で囲まれた領域で，$\frac{d}{dn}$ は外法線に沿う導関数を表す．

さて $u = P_j$, $v = P_k$, $D = \{x | |x| \leq 1\}$, $S = \Omega$ とすると，

$$0 = \int_D \{\Delta P_j \cdot P_k - P_j \cdot \Delta P_k\} dx = \int_\Omega \left\{\frac{d}{dn} P_j \cdot P_k - P_j \cdot \frac{d}{dn} P_k\right\} dS.$$

$P_j = r^j f_j(\omega)$, $P_k = r^k f_k(\omega)$ であるから，$\frac{d}{dn} P_j \big|_\Omega = \frac{d}{dr} P_j \big|_\Omega = j f_j(\omega)$. 同様にして，$\frac{d}{dn} P_k \big|_\Omega = k f_k(\omega)$ である．上式より

$$0 = (j-k) \int_\Omega f_j(\omega) f_k(\omega) dS$$

がえられる．ゆえに $\{f_j(\omega)\}_{j=0,1,2,\cdots}$ は Ω 上の直交系を構成する．球面調和関数系は $L^2(\Omega)$ の完全直交系をつくることが知られている．

命題(B)を証明しておこう．若干長くなるが，調和関数に関する命題と見ると興味深いので説明することにする．命題の形を少し変える．

(B') $f(\omega)$ が $\Lambda f(\omega) = -\mu f(\omega)$, $\mu > 0$, $f(\omega) \not\equiv 0$ をみたすとする．このとき，ある正の整数 k があって，$\mu = k(k+1)$ がなりたち，かつ $Q(x) = r^k f(\omega)$ は次数 k の調和多項式である．

証明．$f(\omega) \in C^\infty(\Omega)$，すなわち無限回微分可能であることはよく知られている．$k(k+1) - \mu = 0$ をみたす k のうち正のもの $k_+ = \frac{1}{2}(-1 + \sqrt{1+4\mu})$ をとり，

$$Q(x) = r^{k_+} f(\omega)$$

とおく．$Q(x)$ は $\boldsymbol{R}^3$ から原点 $\{0\}$ を除いた範囲で $\Delta Q(x) = 0$, かつ C^∞

級であるが $Q(x)$ が全空間で C^∞ 級であることは自明でないので，それを示す．つぎの性質をもつ $\alpha(x) \in C^\infty$ をとる．$|x| \leq 1$ で $\alpha(x)=1$, $|x| \geq 2$ で $\alpha(x)=0$．

$u=\tilde{Q}(x)=\alpha(x)Q(x)$, $v=e_{(a)}(x)=-\dfrac{1}{4\pi}|x-a|^{-1}$, $a \neq 0$ としてグリーンの公式(7)を用いる．積分範囲は，$|x| \leq 2$ から $|x| < \varepsilon$ および $|x-a| < \varepsilon$ (小)を除いた範囲 D_ε とする．

$$\int_{D_\varepsilon} \{\Delta\tilde{Q}\cdot e_{(a)} - \tilde{Q}\cdot\Delta e_{(a)}\}dx = \int_{|x|=\varepsilon}\left\{\frac{d}{dn}\tilde{Q}\cdot e_{(a)} - \tilde{Q}\cdot\frac{d}{dn}e_{(a)}\right\}dS$$
$$+ \int_{|x-a|=\varepsilon}\left\{\frac{d}{dn}\tilde{Q}\cdot e_{(a)} - \tilde{Q}\cdot\frac{d}{dn}e_{(a)}\right\}dS.$$

左辺を見る．$x \in D_\varepsilon$ に対しては，$\Delta e_{(a)}=0$，かつ $\Delta Q=0$ であり，$x \in D_\varepsilon$ のとき

$$\Delta\tilde{Q} = \Delta(\alpha Q) = \alpha\Delta Q + 2\sum_j\frac{\partial\alpha}{\partial x_j}\cdot\frac{\partial Q}{\partial x_j} + \Delta\alpha\cdot Q = 2\sum_j\frac{\partial\alpha}{\partial x_j}\cdot\frac{\partial Q}{\partial x_j} + \Delta\alpha\cdot Q$$

となる．これを $g(x)$ とおくと，

$$(\text{左辺}) \to \int_{1 \leq |x| \leq 2} g(x) e_{(a)}(x) dx \quad (\varepsilon \to 0)$$

となる．ここで積分範囲は $g(x)$ の形と $\alpha(x)$ の性質を考慮した．

右辺第1項の積分は $a(\neq 0)$ を固定し，$\varepsilon \to 0$ を考えるから，$\varepsilon \to 0$ のとき 0 に近づく．

右辺第2項の積分は $|x-a|=\varepsilon$ で $\dfrac{d}{dn}e_{(a)} = -\dfrac{d}{dr}e_{(a)} = \dfrac{1}{4\pi}\dfrac{d}{dr}r^{-1} = -\dfrac{1}{4\pi}\varepsilon^{-2}$．ゆえに，右辺第2項は $\varepsilon \to 0$ のとき，$\tilde{Q}(a)$ に近づく．

以上を総合して，

$$\int_{1 \leq |x| \leq 2} g(x) e_{(a)}(x) dx = \tilde{Q}(a) = \alpha(a) Q(a).$$

とくに $|a| < 1$ の範囲では $\alpha(a)=1$ であるから，

(8) $$Q(a) = -\frac{1}{4\pi}\int_{1\leq|x|\leq 2} g(x)|x-a|^{-1}dx.$$

この式は $a \neq 0$ として示したが,両辺はともに $a=0$ で連続であるので,結局 $|a|<1$ のとき上式が示された.ところで右辺は $|a|<1$ のとき,積分記号下で何回でも微分可能である.ゆえに $Q(a)$ は $|a|<1$ で C^∞ である. $Q(a)$ は原点を除いたところで C^∞ であるから,結局 $Q(x) \in C^\infty(\boldsymbol{R}^3)$ である.

さて,$Q(x)=r^{k_+}f(\omega)$ であった.ところで,k_+ が正の整数でないときには $Q(x)$ は原点の近傍で C^∞ ではありえない.それには,ω_0(ただし $f(\omega_0)\neq 0$ とする)と $-\omega_0$ とを結ぶ直線上で $Q(x)$ を考えてみればよい.k_+ を k とかきあらためる.k は正の整数である.$\Delta Q(x)=0$ である.それは $\Delta Q(x)$ は原点を除いた範囲で 0 であり,かつ $C^\infty(\boldsymbol{R}^3)$ であるからである.

最後に,$Q(x)$ の原点のまわりのテイラー展開を考えてみれば,$Q(x)$ は k 次の多項式であることがわかる.また $\mu=k(k+1)$ であることは上記の証明からしたがう.

II ラプラス変換

ラプラス変換とよばれているものは,通常つぎの積分変換

(9) $$F(p) = \int_0^\infty e^{-pt}f(t)dt$$

である.対象とする $f(t)$ はつぎの条件をみたしているものとする:$t<0$ で $f(t)=0$,$t\geq 0$ で局所可積分であって,すなわち任意の有限区間 $[0, L]$ 上で積分可能であって,かつ十分大きい t_0 をとると,ある M と β がとれて,

(10) $$|f(t)| \leq Me^{\beta t}, \quad t \geq t_0$$

がなりたつ．

　(9)において p は複素数，$p=\xi+i\eta$ である．$F(p)$ を $f(t)$ のラプラス変換(Laplace transform)あるいはラプラス像(Laplace image)とよぶ．記号で

$$f(t) \sqsupset F(p) \quad \text{あるいは} \quad F(p) = \mathcal{L}(f(t))$$

とかく．$F(p)$ はこの場合 $\operatorname{Re} p=\xi>\beta$ の範囲で存在して，その範囲で複素変数 p の正則関数であることが示される．なお(10)において，t_0, M, β は $f(t)$ とともに変わってもよい．この条件は $f(t)$ が指数型(exponential type)であるとよばれている．

　重要なのは反転公式で，$f(t)$ が(10)をみたすほかに，たとえば C を正の定数として，$F(p)$ が $|F(p)| \leq C(|p|^2+1)^{-1}$ の形の不等式をみたすときには，$F(p)$ から $f(t)$ が

$$(11) \qquad f(t) = \frac{1}{2\pi i}\int_{\xi-i\infty}^{\xi+i\infty} e^{pt}F(p)dp$$

で与えられる．積分路は虚軸に平行な，$\operatorname{Re} p(=\xi)>\beta$ をみたす直線である．(11)は右辺が ξ のとり方によらないことも示している．

　数学史によれば，ラプラス自身が(11)を提示ないし証明したのではなく，19世紀後半から20世紀初頭にかけての，リーマン，ポアンカレ，および演算子法の創始者ヘビサイドらの研究者によって，この形が定着した．応用上は(11)は $F(p)$ が $|p|$ の多項式オーダの増大をする場合も取り扱うことが必要なこともあって，ラプラス変換をめぐる種々の疑問は，第2次世界大戦後(1950年)に出現した L. シュワルツの超関数論の適用によって解決された部分もある．要は，フーリェ解析の近代的取り扱いが，それらの疑問に答える有効な手段であるといえる．しかし，ここではそれにふれない．

　ラプラス変換とフーリェ変換との関係はつぎの通りである．(9)は

$$F(\xi+i\eta) = \int_0^\infty e^{-(\xi+i\eta)t}f(t)dt = \int_0^\infty e^{-i\eta t}(e^{-\xi t}f(t))dt$$

を意味するから，$F(\xi+i\eta)$ を η の関数とみれば，t の関数 $e^{-\xi t}f(t)$ のフーリェ変換である．したがってフーリェの反転公式より，

$$e^{-\xi t}f(t) = \frac{1}{2\pi}\int_{-\infty}^\infty e^{i\eta t}F(\xi+i\eta)d\eta$$

がなりたち，したがって，

$$f(t) = \frac{1}{2\pi i}\int_{-\infty}^\infty e^{(\xi+i\eta)t}F(\xi+i\eta)(id\eta)$$

がしたがう．これが(11)である．積分路の形から，いまの場合は $id\eta = dp$ であるからである．

簡単な微分方程式をみたす解の積分表示を考えよう．定数係数の微分方程式を

(12) $\quad L(D)u(t) \equiv (D^m + a_1 D^{m-1} + \cdots + a_m)u(t) = 0 \quad \left(D = \dfrac{d}{dt}\right)$

とする．

(13) $\quad\quad\quad\quad u_\Gamma(t) = \dfrac{1}{2\pi i}\int_\Gamma e^{pt}\dfrac{1}{L(p)}dp$

は(12)の解である．ここで積分路 Γ は $L(p)=0$，すなわち $p^m + a_1 p^{m-1} + \cdots + a_m = 0$ の根 $\{\alpha_n\}$ をすべて内部に含み，向きを反時計回りとする閉曲線で，その限りにおいて自由である．その理由は簡単である：

$$L(D)u_\Gamma(t) = \frac{1}{2\pi i}\int_\Gamma L(p)e^{pt}\frac{1}{L(p)}dp = \frac{1}{2\pi i}\int_\Gamma e^{pt}dp = 0.$$

ここで e^{pt} は p の正則関数であることから，コーシーの基本定理を用いた．

よく用いられるのは，(13)において Γ を(11)のように，無限直線 Γ_1 でおきかえた場合である．ていねいにかけば，

(14) $$R(t) = \frac{1}{2\pi i}\int_{\xi-i\infty}^{\xi+i\infty} e^{pt}\frac{1}{L(p)}dp$$

である．ただし，Γ_1 は $L(p)=0$ の根をすべてその左側に見るように，すなわち，Re $\alpha_j<\xi$ $(1\leqq j\leqq m)$ がみたされるようにとる．

つぎのことが示される．考察の基礎はコーシーの基本定理と留数定理である．

(15) $\begin{cases} (\mathrm{i}) & t<0\text{ で } R(t)=0, \\ (\mathrm{ii}) & t>0\text{ で } L[R(t)]=0, \\ (\mathrm{iii}) & R^{(j)}(+0)=0\ (0\leqq j\leqq m-2),\ R^{(m-1)}(+0)=1. \end{cases}$

これらの性質をもつ関数 $R(t)$ は微分作用素 $L(D)$ の基本解とよばれている．一般に，$f(t)$ を連続関数とした場合，

(16) $$L[v(t)] = f(t)$$

をみたし，かつ導関数が $v^{(j)}(t_0)=0$ $(0\leqq j\leqq m-1)$ をみたす解は，$t\geqq t_0$ で

$$v(t) = \int_{t_0}^{t} R(t-s)f(s)ds$$

で表される．

(13)で表される $u_\Gamma(t)$ と，(14)で表される $R(t)$ との関係は，

(17) $$R(t) = u_\Gamma(t), \quad t\geqq 0$$

で表される．$u_\Gamma(t)$ は簡単な留数計算で求められることに注意しよう．たとえば，$L(p)=0$ の根が相異なる場合は(17)より

$$R(t) = \sum_{j=1}^{m}\frac{1}{L'(\alpha_j)}e^{\alpha_j t}, \quad t\geqq 0$$

で表され，$L(p)=(p-\alpha)^2$ のときは，

$$R(t) = \operatorname*{Res}_{p=\alpha}[e^{pt}(p-\alpha)^{-2}] = te^{\alpha t}, \quad t\geqq 0$$

で表される．$R(t)$ はつねに指数型である．

ラプラス変換は合成積でも重要である．一般に $f(t), g(t)$ が指数型で，そのラプラス像を，それぞれ $F(p), G(p)$ とする．このとき，

$$\int_0^t f(t-s)g(s)ds = f(t)*g(t) = h(t)$$

とかくと，$h(t)$ もまた指数型で，

(18) $$\mathcal{L}[h(t)] = F(p)G(p)$$

となる．この理由は大略つぎの通り．(18)の右辺をみよう．

$$\int_0^\infty \int_0^\infty e^{-p(t+s)}f(t)g(s)dtds$$

である．$t+s=t'$, $s=s'$ によって変数を (t', s') に変換する．$dsdt = ds'dt'$ がなりたつ．ゆえに上式は

$$\int_0^\infty e^{-pt'} \left(\int_0^{t'} f(t'-s')g(s')ds' \right) dt'$$

となる．

簡単な微分方程式のラプラス変換による解法をのべる．なおこの問題はラプラス変換によらなくても解けることを注意しておこう．方程式を

$$L[u] \equiv u''(t) + au'(t) + bu(t) = f(t)$$

とする．a, b は定数で，$(u(0), u'(0)) = (c_0, c_1)$ と任意に指定して解 $u(t)$ ($t \geq 0$) を求める問題である．仮定をおく．$u(t)$ は C^2 級であって，$u''(t)$ は(10)をみたしているとする．このとき，$u(t), u'(t)$ は $t \to \infty$ のとき指数型であることがわかる．$f(t)$ は連続で指数型であるとする．両辺のラプラス変換をとる．

$$\int_0^\infty e^{-pt}(u'' + au' + bu)dt = \int_0^\infty e^{-pt}f(t)dt.$$

$u(t), f(t)$ のラプラス像を $U(p), F(p)$ とおく．

$$\int_0^\infty e^{-pt}u'dt = e^{-pt}u(t)\Big|_{t=0}^{t=\infty} + p\int_0^\infty e^{-pt}u dt.$$

u は指数型であるので，それに応じて Re p を大きくとれば，右辺第 1 項は $-u(0)$ である．ゆえに上式は $-u(0)+pU(p)$. 同様にして，

$$\int_0^\infty e^{-pt} u'' dt = -u'(0) - pu(0) + p^2 U(p).$$

ゆえに，

$$U(p) = \frac{u'(0)+(p+a)u(0)}{L(p)} + \frac{F(p)}{L(p)}.$$

反転公式(11)より，$t \geq 0$ に対して，

(19) $$u(t) = \frac{1}{2\pi i} \int_{\Gamma_1} \frac{u'(0)+(p+a)u(0)}{L(p)} e^{pt} dp$$
$$+ \frac{1}{2\pi i} \int_{\Gamma_1} \frac{F(p)}{L(p)} e^{pt} dp$$

となる．さらに具体的に求めてみよう．$L(p)=(p-\alpha)(p-\beta), (\alpha \neq \beta)$ としよう．右辺 $= v_0(t) + v_1(t)$ とおく．$v_0(t)$ は，(17)と同じ理由により，$t>0$ のとき積分路 Γ_1 を Γ に変更しても値は変わらない．ゆえに留数定理より，

$$v_0(t) = \operatorname*{Res}_{p=\alpha} \left[\frac{u'(0)+(p+a)u(0)}{L(p)} e^{pt} \right] + \operatorname*{Res}_{p=\beta} \left[\frac{u'(0)+(p+a)u(0)}{L(p)} e^{pt} \right]$$
$$= \frac{1}{\alpha-\beta}[u'(0)(e^{\alpha t}-e^{\beta t}) + u(0)((\alpha+a)e^{\alpha t}-(\beta+a)e^{\beta t})]$$

となる．さらに $v_1(t) = R(t) * f(t) = \frac{1}{\alpha-\beta} \int_0^t (e^{\alpha(t-s)} - e^{\beta(t-s)}) f(s) ds$ となる．

III 積分路の変形

ここまでラプラス変換について解説したが，微分方程式にこの変換を適用した場合，解の積分表示を求めることと，その積分表示から具体的

に解を求める2つの手続きが必要であった．この後者は(15)および(17)で表されるとみてよいが，重要なポイントであるので解説しておこう．以下にみるように，それらは初等的な複素解析の適用による．

(17)の証明を与えよう．それには，$t>0$ のとき

$$(20) \quad \int_{\Gamma_1} e^{pt} \frac{1}{L(p)} dp = \int_{\Gamma_2} e^{pt} \frac{1}{L(p)} dp = \int_{\Gamma} e^{pt} \frac{1}{L(p)} dp$$

がなりたつことをこの順序で示す．図1で示されているように，Γ_2 は Γ_1 上の点 A, B を通り実軸に平行な無限半直線 BE, FA と AB からなり，$L(p)=0$ の根 $\{\alpha_j\}$ はすべて Γ_2 が囲む無限直方形領域に含まれているものとする．また Γ_2 の向きは図1に示された通りとする．

Γ_1 を Γ_2 に変形しても値が変らないことをみるために図2を考える．弧 $\widehat{B'B''}$ は半径 R（大）の $\frac{1}{4}$ 円周である．

$t\,(>0)$ を固定したとき

$$(21) \quad \int_{\widehat{B'B''}} e^{pt} \frac{1}{L(p)} dp \to 0 \quad (R\to\infty)$$

がなりたつ．理由は部分積分により

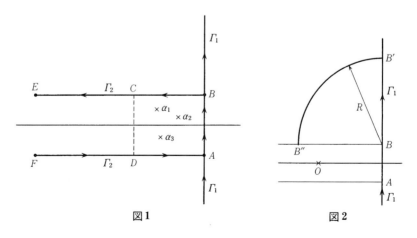

図1　　　　　　　　図2

$$\text{左辺} = \frac{1}{t} e^{pt} \frac{1}{L(p)} \Big|_{p=B'}^{p=B''} - \frac{1}{t} \int_{\widehat{B'B''}} e^{pt} \frac{d}{dp}\left(\frac{1}{L(p)}\right) dp$$

となるが,第1項は $R \to \infty$ のとき 0 に近づき,さらに $p \in \widehat{B'B''}$ で $|e^{pt}| = e^{t \operatorname{Re} p} \leq e^{t\xi}$,

$$\left|\frac{d}{dp}\left(\frac{1}{L(p)}\right)\right| \leq c|p|^{-2} \leq cR^{-2}, \quad \widehat{B'B''} \text{ の長さ} = \frac{1}{2}\pi R$$

に着目すればよい.(21)と同様にして,A を中心とする $\frac{1}{4}$ 円周上の積分を考えれば,証明は完結する.

さらに積分路 Γ_2 を図 1 にあるように,$\{\alpha_j\}$ をすべて内部に含む $\Gamma = ABCDA$ に変形しても変らない.このことは,Γ_2 を Γ と $FDCE$ に分解し,この後者については $e^{pt}\frac{1}{L(p)}$ がこの帯状領域で正則で,かつ原点から遠ざかるとき 0 に近づくことに着目すればよい.

$t < 0$ のとき $R(t) = 0$,を示そう.まず上にのべた考察より,

$$R(t) = -\frac{1}{t}\frac{1}{2\pi i}\int_{\xi-i\infty}^{\xi+i\infty} e^{pt}\frac{d}{dp}\left(\frac{1}{L(p)}\right) dp$$

と表現できる.ここで $|p| \geq 1$ として,

$$\left|\frac{d}{dp}\left(\frac{1}{L(p)}\right)\right| \leq c|p|^{-2} = \frac{c}{\xi^2+\eta^2}.$$

これより,$\xi > 0$, $t < 0$ として,

$$|R(t)| \leq -\frac{c\pi}{2\pi t\xi}e^{\xi t}.$$

ξ はいくらでも大にとれるから,$R(t) = 0$.

最後に,$R^{(j)}(+0) = 0$ $(0 \leq j \leq m-2)$, $R^{(m-1)}(+0) = 1$ の証明.$j \leq m-1$ として,$R(t) = u_\Gamma(t)$, $t > 0$ を用いると,

$$R^{(j)}(+0) = u^{(j)}(+0) = \frac{1}{2\pi i}\int_\Gamma \frac{p^j}{L(p)} dp.$$

原点を中心とし,半径 R(十分大)の反時計回りの円周を Γ とする.p

$=\dfrac{1}{w}$ とおいて，積分変数を w に変更すると，上式は

$$\frac{1}{2\pi i}\int_{|w|=R^{-1}} w^{m-j-2}(1+c_1 w+c_2 w^2+\cdots)dw$$

の形をとる．積分路の向きは反時計回りである．$m-j-2\geqq -1$ で，等号は $j=m-1$ のときである．$1+c_1 w+c_2 w^2+\cdots$ は $|w|\leqq R^{-1}$ で正則である．ゆえに留数定理により望む結果がえられる．

8 フーリェ

Jean-Baptiste-Joseph Fourier (1768–1830)

I　熱伝導とフーリェ級数

1811年，パリ科学アカデミーは，この年度のアカデミー賞をかけた問題——Donner la théorie mathématique des lois de la propagation de la chaleur et comparer les résultats de cette théorie à des expériences exactes（熱の伝導の法則の数学的理論を与え，この理論の結果と精密な実験結果とを比較せよ）——を公表した．フーリェ(J.-B.-J. Fourier, 1768-1830)はこれに応じて論文を提出，アカデミー賞の栄誉に輝いた．これに用いられた方法が今日のフーリェ級数，フーリェ変換である．

問題を簡単にするために，熱的に一様な長さ L の棒を考える．座標を導入し，$0 \leq x \leq L$ とする．話はいくぶん横道にそれるが，私の懐かしい思い出を述べさせていただきたい．

(旧制)高校の時，物理の試験につぎの問題が出され，私は大いに啓発された．問題は，「棒の温度が定常状態にあるならば，温度分布がどのようになっている時かを，理由をのべて答えよ」というものであった．どのような答をかいたか，記憶は定かでない．多分つぎのような解答が期待されていたのではなかろうか．

点 x の温度を $u(x)$ とおく，$x_0, x_1 (x_0<x_1)$ を任意にとり，$[x_0, x_1]$ に流入する熱量を考える(図1参照)．単位時間の熱の流入(流出)量は，その点の温度勾配に比例する．したがって，x_1 断面を通じての流入熱量は，$cu'(x_1)\Delta t\ (c>0)$，x_0 断面のそれは，$-cu'(x_0)\Delta t$ である．時間 T の間に $[x_0, x_1]$ に流入する熱量は

$$c\{u'(x_1)-u'(x_0)\}T$$

で与えられる．もし $u'(x_1) \neq u'(x_0)$ ならば，時間が経てば，$[x_0, x_1]$ における最高温度，最低温度が無限に増大するか，無限に減少するかのいずれかが起る．これは定常状態の仮定に反する．ゆえに $u'(x_0)=u'(x_1)$．

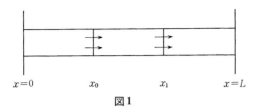

図1

x_0, x_1 は任意だから $u'(x)=k$ （一定）．これより，$u(x)=a+kx$ である．なお，出題者は本尾一郎教授（故人）であった．

教授の声はかぼそく，ポツリ，ポツリと話され，いくぶん異色のものであったので，教授が優れた研究者であることを知ったのは数年後であった．氏の講義は今でも記憶に強く残っている．

元に戻る．一般に温度 $u(t, x)$ は

(1) $$\frac{\partial}{\partial t}u(t, x) - \sigma \frac{\partial^2}{\partial x^2}u(t, x) = 0$$

をみたす．理由は上にのべたことを精密に考えればよい．時刻 t から $t + \Delta t$ の間に $[x_0, x_1]$ に流入する熱量（の主要部分）は

$$c\left(\frac{\partial}{\partial x}u(t, x_1) - \frac{\partial}{\partial x}u(t, x_0)\right)\Delta t = c\int_{x_0}^{x_1}\frac{\partial^2}{\partial x^2}u(t, x)dx \cdot \Delta t$$

であり，他方これは温度変化に費やされるから，

$$\rho \int_{x_0}^{x_1} \frac{\partial}{\partial t}u(t, x)dx \cdot \Delta t$$

と考えられる．ρ は線状比熱である．ゆえに

$$\int_{x_0}^{x_1} \frac{\partial}{\partial t}u(t, x)dx = \sigma \int_{x_0}^{x_1} \frac{\partial^2}{\partial x^2}u(t, x)dx, \quad \sigma = c/\rho, \quad (\sigma > 0),$$

がなりたつ．(x_0, x_1) は任意だから(1)がなりたつ．

フーリェの方法を説明する．簡単のために棒の長さを π とし，両端の温度は 0 に調整されているとする．

(2) $\quad u(t, 0) = u(t, \pi) = 0 \quad$ （境界条件）

(3) $\quad u(0, x) = f(x), \quad 0 \leq x \leq \pi$ （初期条件）

$f(x)$ は 2 回まで導関数が連続で両端で 0 とする．棒の長さが L のときは，$x' = \pi x/L$ によって x の尺度を変えれば，(1)の形は変らず，(2)に帰着される．$f(0)=f(\pi)=0$ より

(4) $\quad f(x) = \sum_{n=1}^{\infty} a_n \sin nx$

の形の級数(フーリェ級数)に展開される．(4)は一様収束級数である．ゆえに

(5) $\quad u(t, x) = \sum_{n=1}^{\infty} a_n e^{-\sigma n^2 t} \sin nx$

は条件(1)-(3)をみたす解である．理由は，各項 $e^{-\sigma n^2 t} \sin nx$ は(1)をみたし，(5)は $t>0$ で (t, x) について何回でも項別微分ができるからである．

なお，$t \to \infty$ のとき，$u(t, x)$ は指数関数的に 0 に近づく．また，このことから棒の両端温度が a, b である場合は，最初にのべた定常状態に指数関数的に近づくことが容易に示される．上の方法はなんでもないようであるが，数学に革命をもたらした．

長さ π の棒の両端が熱的に遮断されている場合は，

(6) $\quad \dfrac{\partial}{\partial t} u(t, x) - \sigma \dfrac{\partial^2}{\partial x^2} u(t, x) = 0, \quad 0 < x < \pi$

(2′) $\quad \dfrac{\partial}{\partial x} u(t, 0) = \dfrac{\partial}{\partial x} u(t, \pi) = 0$

(7) $\quad u(0, x) = f(x), \quad 0 \leq x \leq \pi$

となる．(2′)は単位時間における熱の流入(流出)量が，その点における温度勾配に比例することからしたがう．$f'(0)=f'(\pi)=0$ で，$f(x)$ は 2 回導関数まで連続とすると，

の形に展開でき，

$$(8) \quad u(t,x) = \frac{a_0}{2} + \sum_{n=1}^{\infty} a_n e^{-\sigma n^2 t} \cos nx, \quad t \geq 0$$

が解である．このとき，$t \to \infty$ のとき $u(t,x)$ は定数値 $\frac{a_0}{2}$ に近づく．
ついで境界条件を

$$(2'') \quad u(t,0) = \frac{\partial}{\partial x} u(t,L) = 0$$

とした場合（$x=0$ では $u=0$，$x=L$ では熱的に遮断されている場合）は，$f(0)=f'(L)=0$ となり，2 回導関数まで連続とすると，

$$(4'') \quad f(x) = \sum_{n=0}^{\infty} a_n \sin(\lambda_n x), \quad \lambda_n = \left(n + \frac{1}{2}\right)\pi/L$$

と表現され，解は

$$(9) \quad u(t,x) = \sum_{n=0}^{\infty} a_n e^{-\sigma \lambda_n^2 t} \sin(\lambda_n x)$$

となる．ところで，(4), (4') はフーリェ級数であることはすぐわかるが，(4'') もそうであるとみなされるが，それをみるには若干の工夫を要する．

しかし，この 3 つの場合に共通点は確かにある．これらはすべて，**境界条件を考慮した，作用素 $-\frac{d^2}{dx^2}$ の固有関数系による展開**である．固有関数とは，たとえば (2') の場合は，$\varphi'(0) = \varphi'(\pi) = 0$ をみたし，かつ

$$(10) \quad -\frac{d^2}{dx^2}\varphi(x) = \mu \varphi(x)$$

をみたす $\varphi(x)(\not\equiv 0)$ であり，そのとき μ を固有値という．φ は実数値とし，また 3 つの場合を同時に取り扱う便宜があるので，(2'') の場合 $L = \pi$ とする．

記号を簡略化して，

$$\int_0^\pi f(x)g(x)dx = (f, g), \qquad \int_0^\pi f(x)^2 dx = \|f\|^2$$

とかく．(10)より，$-(\varphi'', \varphi) = \mu\|\varphi\|^2$ であるが，部分積分によって，

(11) $$\|\varphi'\|^2 = \mu\|\varphi\|^2$$

をえる．ゆえに，固有値 $\mu \geqq 0$ である．(10)の一般解が $C_1 \sin\sqrt{\mu}\,x + C_2 \cos\sqrt{\mu}\,x$ の形で表せるから，上記の展開に現れる関数系が，すべての固有関数をとりつくしていることがわかる．さらにいずれの場合も固有関数系は直交系である．

理由は，いずれの場合も，同一の境界条件をみたす2つの関数 φ_1, φ_2 に対して，$(\varphi_1'', \varphi_2) = (\varphi_1, \varphi_2'')$ がなりたつからである．実は，これらの事実だけを用いて展開定理の正当性を示すことができるのであるが，ここではのべない．

フーリェ級数は，周期 2π の連続関数 $f(x)$ に対して

$$a_n = \frac{1}{\pi}\int_0^{2\pi} f(x)\cos nx\, dx,$$
$$b_n = \frac{1}{\pi}\int_0^{2\pi} f(x)\sin nx\, dx$$

と定義し，

(12) $$f(x) \sim \frac{1}{2}a_0 + \sum_{n=1}^{\infty} a_n \cos nx + b_n \sin nx$$

とかき，右辺を $f(x)$ のフーリェ級数という．$\{a_n, b_n\}$ をフーリェ係数という．右辺の級数が $f(x)$ を表すことをフーリェは証明なしに認めている．後に出現したディリクレ(P. G. L. Dirichlet, 1805-59)がていねいな証明を与えた．つぎの事実に着目しよう．

定理(3角関数系の完全性)　フーリェ係数がすべて0である連続関数 $h(x)$ は恒等的に0である場合に限る．

この定理を認めると，$f(x)$ に若干の条件をつけると(12)は等号にな

る(展開定理がなりたつ). たとえば $f(x)$ が $f'(x), f''(x)$ まで連続とする. フーリェ係数を部分積分を用いて計算すると, $O(n^{-2})$ であり, 右辺 $g(x)$ は一様収束になる. ゆえに $f(x)-g(x)=h(x)$ のフーリェ係数はすべて 0 になり, $h(x)=0$ がいえる. 元に戻って, (2), (2′)の場合, それぞれ $f(x)=-f(-x)$, $f(x)=f(-x)$ によって $f(x)$ の定義範囲を $[-\pi, 0]$ に拡張して, $[-\pi, \pi]$ で定義された周期関数と見れば上記の場合に帰着される.

定理の証明は背理法による. フーリェ係数がすべて 0 であるにもかかわらず, 恒等的に 0 ではない連続関数 $h(x)$ があったとする. 必要があれば $h(x)$ を $-h(x)$ でおきかえて, $[0, 2\pi]$ のある部分区間 $[a, b]$ で正であるとする.

$$\psi(x) = \cos\left(x - \frac{a+b}{2}\right) - \cos\left(\frac{a-b}{2}\right) + 1$$

とおく, $\psi(x)^n$ は正の整数 n のいかんにかかわらず, 3角多項式で表せるから

(13) $$\int_0^{2\pi} h(x)\psi(x)^n dx = 0.$$

他方, $\psi(x)>1$ が $x\in(a, b)$ でなりたち, その他では $|\psi(x)|\leq 1$ である. (13)の積分を $[a, b]$ と, その他のところに分けて考えると, 第1の積分は $n\to\infty$ のとき ∞ に発散し, 第2の積分は有界にとどまる. ゆえに(13)の積分は $n\to\infty$ のとき ∞ に発散する. これは(13)と矛盾する.

フーリェ級数は応用上, つぎの事実が用いられることが多いので説明を追加しよう. $f(x)$ は周期 2π の連続関数で, $f'(x)$ とともに連続とする. このとき $f(x)$ のフーリェ級数は区間 $[0, 2\pi]$ で $f(x)$ に一様収束する. したがって(12)は等号になる. さらにこの仮定をゆるめて, $f'(x)$ が区分的に連続としても結果は正しい.

証明はつぎの通り. まず

$$f'(x) \sim \sum_{n=1}^{\infty} -na_n \sin nx + nb_n \cos nx$$

である.実際,$f'(x)$ のフーリェ係数を $a_n{}', b_n{}'$ とすると,$a_n{}'=nb_n$, $b_n{}'=-na_n$ がなりたつ.それは

$$\begin{aligned}a_n{}' &= \frac{1}{\pi}\int_0^{2\pi} f'(x)\cos nx\, dx \\ &= \frac{1}{\pi}\Big[f(x)\cos nx\Big]_0^{2\pi} + \frac{n}{\pi}\int_0^{2\pi} f(x)\sin nx\, dx = nb_n\end{aligned}$$

であり,$b_n{}'$ についても同様である.このとき $f(0)=f(2\pi)$ であることを注意しよう.さて,ベッセルの不等式を $f'(x)$ に適用すれば,

$$\pi\sum_{n=1}^{\infty} n^2(a_n{}^2+b_n{}^2) = \int_0^{2\pi} f'(x)^2 dx < \infty,$$

これより,コーシー・シュワルツの不等式によって,

(14) $$\sum_{n=1}^{\infty} |a_n|+|b_n| < \infty$$

がなりたつ.それは,上式の左辺は

$$\sum_{n=1}^{\infty} \frac{1}{n}n|a_n| + \frac{1}{n}n|b_n| \leq \Big(2\sum_{n=1}^{\infty}\frac{1}{n^2}\Big)^{1/2}\Big(\sum_{n=1}^{\infty} n^2 a_n{}^2 + n^2 b_n{}^2\Big)^{1/2}$$

がなりたつからである.

最後に,(4″)がフーリェ級数とみなされる理由を説明する.

$f(x)$ を $[0, L]$ で定義された関数で,$f'(x), f''(x)$ とともに連続で,かつ $f(0)=0, f'(L)=0$ とする.まず $f(x)$ の定義域を $F(x)=f(2L-x)$ によって $[L, 2L]$ に拡張する.このようにして拡張された $F(x)$ ($x \in [0, 2L]$) を,$x \in [-2L, 0]$ に奇関数として拡張する.すなわち $F(x)=-F(-x)$ とする.かくしてえられた $F(x)$,$x\in[-2L, 2L]$ を周期 4π の連続関数とみてフーリェ級数を計算すれば,

$$F(x) \sim \sum_{n=1}^{\infty} \frac{2}{L} \int_0^L f(x) \sin\left(\frac{2n-1}{2L}\pi x\right) dx \cdot \sin\frac{2n-1}{2L}\pi x,$$
$$x \in [-2L, 2L]$$

をえる．ゆえに $f(x)=F(x)$, $0 \leq x \leq L$ であるから，右辺を $f(x)$ のフーリェ級数とみることができる．

II　フーリェ変換

　フーリェの仕事が強い説得力をもったのは，フーリェ変換(Fourier transformation)と今日よばれている積分変換を提起したことによるのではなかろうか．フーリェは無限に長い棒の熱伝導による温度分布の時刻による変化を考えた．この問題は，

(15) $$\begin{cases} \dfrac{\partial}{\partial t}u(t,x) - \sigma\dfrac{\partial^2}{\partial x^2}u(t,x) = 0, & t > 0 \\ \lim_{t \to 0} u(t,x) = f(x), & -\infty < x < \infty \end{cases}$$

をみたす $u(t,x)$ を考察することである（σ は正の定数）．$u(t,x)$ は時刻 t，位置 x における温度であり，$f(x)$ は初期の温度分布である．

　フーリェは大胆にフーリェ級数による展開を拡張して，一般に $f(x)$ が一意的に定まる密度関数 $\varphi(\xi)$ を用いて，

(16) $$f(x) = (2\pi)^{-1} \int_{-\infty}^{\infty} e^{ix\xi} \varphi(\xi) d\xi$$

の形に表現されることを見抜いた．$(2\pi)^{-1}$ は形式的な調整によるものであり，本質的ではない．これを理解するために，フーリェ級数を複素の形でのべておく．$f(x)$ を周期 2π の関数として，

(17) $$a_n = \int_0^{2\pi} e^{-inx} f(x) dx, \quad n = 0, \pm 1, \pm 2, \cdots$$

としたとき，

$$(18) \qquad f(x) = \sum_{n=-\infty}^{\infty} (2\pi)^{-1} a_n e^{inx}$$

がなりたつ．たとえば $f(x)$ が局所ヘルダー連続性

$$(*) \qquad |f(x)-f(x')| \leq k|x-x'|^{\sigma}, \quad \sigma > 0$$

をもてば，これは正しい．なお $f(x)$ が単に連続だけでは，(18) は一般には保証されない．フーリエ変換のときは，$f(x)$ は実数全域にわたって定義されていることが必要で，そのため

$$\int_{-\infty}^{\infty} |f(x)| dx < \infty \quad \text{(積分可能性)}$$

を仮定する．以後，積分は $(-\infty, \infty)$ にわたるものとし，積分範囲を示す記号を省略する．(17) で定義されるフーリエ係数を拡張して，

$$(19) \qquad \varphi(\xi) = \int e^{-ix\xi} f(x) dx$$

を考え，これを $f(x)$ のフーリエ変換 (Fourier transform)，あるいはフーリエ像 (Fourier image) とよぶ．

このとき $f(x)$ がヘルダー連続性 (*) をもてば，(18) に対応する関係式 (16) がなりたつことが示される．ただし，一般には $\varphi(\xi)$ の積分可能性がいえないので，厳密には，(16) を

$$(20) \qquad f(x) = \lim_{A \to \infty} (2\pi)^{-1} \int_{-A}^{A} e^{ix\xi} \varphi(\xi) d\xi$$

として解釈する．$\varphi(\xi)$ が積分可能のときはもちろん (16) が成立する．

上式はフーリエの反転公式とよばれ最も重要なものである．$\varphi(\xi)$ の積分可能性を保証するには，たとえば $f(x)$ のみならず，$f'(x), f''(x)$ もまた連続かつ積分可能であると仮定しておけば十分である．そのときは，仮定から $f(\pm\infty) = f'(\pm\infty) = 0$ がしたがい，部分積分によって，

$$\varphi(\xi) = (i\xi)^{-1} \int e^{-ix\xi} f'(x) dx = (i\xi)^{-2} \int e^{-ix\xi} f''(x) dx$$

がなりたち，$(1+|\xi|^2)|\varphi(\xi)|$ が有界になるからである．

(16)に戻って考える．積分記号下の微分により，

$$
(21) \quad \begin{cases} f'(x) = (2\pi)^{-1}\int e^{ix\xi}(i\xi)\varphi(\xi)d\xi \\ f''(x) = (2\pi)^{-1}\int e^{ix\xi}(i\xi)^2\varphi(\xi)d\xi \end{cases}
$$

がしたがう．もちろん，右辺の積分が意味をもつとしての話である．これは微分という操作がそのフーリェ像に $i\xi$ を掛けるという操作で置き換えられることを示している．

(15)に戻る．(16)を考慮して，

$$
u(t,x) = (2\pi)^{-1}\int e^{ix\xi} v(t,\xi) d\xi
$$

とおく．(21)を考慮すれば，$u(t,x)$ が(15)をみたす要請より，$v(t,\xi)$ が

$$
(15') \quad \begin{cases} \dfrac{d}{dt}v(t,\xi) - \sigma(i\xi)^2 v(t,\xi) = 0 \\ \lim_{t \to 0} v(t,\xi) = \varphi(\xi) \end{cases}
$$

をみたすように定めると，$v(t,\xi)=e^{-\sigma t\xi^2}\varphi(\xi)$ をえる．すなわち，

$$
(22) \quad u(t,x) = (2\pi)^{-1}\int e^{ix\xi} e^{-\sigma t\xi^2} \varphi(\xi) d\xi
$$

が(15)の条件をみたしていることがわかる．ただし，$f(x)$ は，f', f'' とともに連続で積分可能とする．具体的に求めれば，

$$
(2\pi)^{-1}\int e^{ix\xi} e^{-\sigma t\xi^2} d\xi = \frac{1}{2\sqrt{\pi\sigma t}} e^{-x^2/4\sigma t}, \quad t > 0
$$

が計算によって求まるから，

$$(23) \begin{cases} u(t,x) = (2\pi)^{-1} \int e^{ix\xi} e^{-\sigma t\xi^2} \left(\int e^{-iy\xi} f(y) dy \right) d\xi \\ \quad = \int f(y) \left((2\pi)^{-1} \int e^{i(x-y)\xi} e^{-\sigma t\xi^2} d\xi \right) dy \\ \quad = \dfrac{1}{2\sqrt{\pi\sigma t}} \int_{-\infty}^{\infty} e^{-(x-y)^2/4\sigma t} f(y) dy, \quad t > 0. \end{cases}$$

なお,ここまでくれば,$f(x)$の仮定をゆるめて,$f(x)$が有界連続でありさえすれば,上式で与えられる$u(t,x)$は(15)の解であることが直接確かめられる.

ところでこの場合,(15)の解は必ず(23)で表されるのかという疑問が生ずる.このことは(15)において$f(x)\equiv 0$の場合,解は恒等的に0に限るのかという疑問と同等である.ところが一意性は解$u(t,x)$の$|x|$が大きいときの挙動に制限を加えなければ一般にはなりたたないことが知られている.しかし,たとえば$u(t,x)$が$x\in \boldsymbol{R}$で有界という制限のもとでは解の一意性がなりたつ.

III フーリェ変換の拡張

フーリェ変換はフーリェ以降研究され整備されていった.20世紀初頭に出現したプランシュレル(M. Plancherel, 1885-1967)の定理はそれ以降の発展に大きな影響をもつことになった.フーリェ変換の古典的ともいえる部分を簡単に解説する.

$f(x)$を積分可能としたとき,

$$\lim_{A \to \infty} \int \frac{\sin A(x-x_0)}{x-x_0} f(x) dx = \pi f(x_0)$$

が,たとえばx_0の近傍で$|f(x)-f(x_0)| \leqq K|x-x_0|^{\sigma}$,$\sigma>0$(ヘルダー連続性)があればなりたつことに着目しよう(ディリクレによる).フーリェの反転公式(20)は,これを認めればただちに導かれる.フーリェ変換

は一般に n 次元の場合にも定義され，反転公式がなりたつ．

2次元の場合を説明する．簡単のため，$f(x, y) \in C_0^4$ とする．これは f が4階の偏導関数まで連続で，下の添字 0 は，$f(x, y) \neq 0$ である (x, y) の集合は有界な範囲にとどまることを意味する．具体的には，十分大きい L をとると，正方形 $\{|x| \leq L$ かつ $|y| \leq L\}$ の外側で $f(x, y) = 0$ となることである．

f のフーリェ変換は

(24) $$\hat{f}(\xi, \eta) = \iint e^{-i(x\xi + y\eta)} f(x, y) dx dy$$

で定義される．まず部分積分より，

$$(1+\xi^2)(1+\eta^2)\hat{f}(\xi, \eta) = \iint e^{-i(x\xi + y\eta)}(1 - D_x^2)(1 - D_y^2) f(x, y) dx dy$$

がなりたつから，$\hat{f}(\xi, \eta)$ は積分可能である．ここで $D_x = \dfrac{\partial}{\partial x}$, $D_y = \dfrac{\partial}{\partial y}$ である．$f(x, y)$ の（x をとめて）y だけについて（部分的）フーリェ変換

$$\tilde{f}(x, \eta) = \int e^{-iy\eta} f(x, y) dy$$

を考える．1変数の場合の反転公式より，

(25) $$f(x, y) = (2\pi)^{-1} \int e^{iy\eta} \tilde{f}(x, \eta) d\eta.$$

$\tilde{f}(x, \eta)$ の（η をとめて）x についてのフーリェ変換は(24)で定義される $\hat{f}(\xi, \eta)$ である．実際

$$\int e^{-ix\xi} \tilde{f}(x, \eta) dx = \int e^{-ix\xi} \left(\int e^{-iy\eta} f(x, y) dy \right) dx = \hat{f}(\xi, \eta)$$

がなりたつ．$\tilde{f}(x, \eta)$ は $|x| \geq L$ で 0 であり，x について C^2 級であるから反転公式がなりたつ：

$$\tilde{f}(x, \eta) = (2\pi)^{-1} \int e^{ix\xi} \hat{f}(\xi, \eta) d\xi.$$

この関係式を (25) の右辺に代入すると,

$$(2\pi)^{-1}\int e^{iy\eta}\Big((2\pi)^{-1}\int e^{ix\xi}\hat{f}(\xi,\eta)d\xi\Big)d\eta$$

となる. ゆえに

(26) $$f(x,y) = (2\pi)^{-2}\iint e^{i(x\xi+y\eta)}\hat{f}(\xi,\eta)d\xi d\eta$$

となり, (24) の反転公式がえられる.

この操作をくり返してゆくと, 順次, 3次元, 4次元, … でのフーリェ変換について反転公式が示される. $f(x_1, \cdots, x_n)$ を $f(x)$ とかき, $x_1\xi_1 + x_2\xi_2 + \cdots + x_n\xi_n$ を $x\xi$ と略記する. また $(\xi_1, \cdots, \xi_n) = \xi$ とかいて,

(27) $$\hat{f}(\xi) = \int e^{-ix\xi}f(x)dx$$

を $f(x)$ のフーリェ変換という. $dx = dx_1 \cdots dx_n$ であり n 重積分である. $f(x) \in C_0^{2n}$ とすると, $\hat{f}(\xi)$ は積分可能であり, 反転公式

(28) $$f(x) = (2\pi)^{-n}\int e^{ix\xi}\hat{f}(\xi)d\xi$$

がなりたつ. つぎの注意は大切である.

$g(\xi) \in C_0^{2n}$ とする. 反転公式 (28) を参照して, フーリェ逆変換

$$\tilde{g}(x) = (2\pi)^{-n}\int e^{ix\xi}g(\xi)d\xi, \quad x \in \boldsymbol{R}^n$$

を定義すると,

(29) $$g(\xi) = \int e^{-ix\xi}\tilde{g}(x)dx$$

がなりたつ. つぎの関係式も貴重である. $f(x_1, \cdots, x_n) \in C_0^{2n}$ のとき,

(30) $$\int |f(x)|^2 dx = (2\pi)^{-n}\int |\hat{f}(\xi)|^2 d\xi$$

がなりたつ. 証明は (28) を用いればよい.

$$\text{左辺} = \int f(x)\overline{f(x)}dx$$
$$= (2\pi)^{-n}\int f(x)\Big(\int e^{-ix\xi}\overline{\hat{f}(\xi)}d\xi\Big)dx$$
$$= (2\pi)^{-n}\int \overline{\hat{f}(\xi)}\Big(\int e^{-ix\xi}f(x)dx\Big)d\xi$$
$$= (2\pi)^{-n}\int |\hat{f}(\xi)|^2 d\xi.$$

プランシュレルは(30)を柱として,つぎのようにして任意のL^2関数(自乗積分可能関数)にまでフーリェ変換を拡張した.

周知のように,L^2関数は一般には積分可能ではない.しかし,$f(x) \in L^2$をとると,列$f_j(x) \in C_0^{2n}$で,L^2の意味で$f_j(x) \to f(x)$となるものがとれる.ところが(30)があるから,

$$\|f_j(x)-f_k(x)\|^2 = (2\pi)^{-n}\|\hat{f}_j(\xi)-\hat{f}_k(\xi)\|^2$$

である.$\|\cdot\|$の意味はL^2ノルムであって,たとえば(30)は$\|f\|^2=(2\pi)^{-n}\|\hat{f}\|^2$とかける.ゆえに$\{\hat{f}_j(\xi)\}$は$L^2$の意味でコーシー列をなし,一意的に定まる$L^2$の関数$\hat{f}(\xi)$に$L^2$の意味で近づく.この関数を$f(x)$のフーリェ変換と定義する.結果的には,$f(x) \in L^2$に対して$|x| \geq A$では0でおきかえた関数を$f_A(x)$として

$$\lim_{A \to \infty}\Big\|\hat{f}(\xi) - \int e^{-ix\xi}f_A(x)dx\Big\| = 0$$

がなりたつ.また$g(\xi) \in L^2$に対してもフーリェ逆変換$\tilde{g}(x)$が定義される.つまり,フーリェ変換はL_x^2からL_ξ^2全体への線形変換として拡張され,その逆変換が,拡張された意味での逆フーリェ変換になっている.

重要なことは,この拡張されたフーリェ変換に対して,パーシバルの関係式(30)がなりたつことである.なお,この等式は容易に,

$$\int f(x)\overline{g(x)}\,dx = (2\pi)^{-n}\int \hat{f}(\xi)\overline{\hat{g}(\xi)}\,d\xi$$

に拡張される．$f, g \in L^2$ である．拡張という意味は，積分可能かつ自乗積分可能な関数のフーリェ変換は今までのものと一致するという意味である．フーリェ級数，フーリェ変換は熱の伝導の研究から生まれたが，波動現象の解明にも有力な武器である．

9　ガウス・グリーンの定理

ここでは平面でのガウス・グリーンの定理を説明する．定理は

$$(1) \quad \int_C f(x,y)dx + g(x,y)dy = \iint_D \left(-\frac{\partial f}{\partial y} + \frac{\partial g}{\partial x}\right) dx dy$$

と表現される．D は閉曲線 C で囲まれた領域であり，左辺の曲線積分は D を左側にみる向きに1周するものとする．

(1)はガウス (C. F. Gauss, 1777-1855)，グリーン (G. Green, 1793-1841) が独立に示したものとされている．両人はともに電磁気学の数学的基礎づけにも大きな貢献をした，ドイツとイギリスの数学者である．なお，この定理は微積分学の基本定理の2次元空間への直接的拡張になっているが，ニュートンの『プリンキピア』(1687)から約1世紀半を経てようやく出現したことは感慨深い．

左辺の曲線積分の定義はつぎの通り．連続曲線(閉曲線とは限らない)は，通常パラメータを使って，$x=x(t)$, $y=y(t)$, $t_0 \leq t \leq T$ の形で定義される．$f(x,y)$ は C 上で定義された連続関数とし，$(x(t),y(t))=P(t)$ とかく．$[t_0, T]$ の分割 $\Delta: t_0 < t_1 < \cdots < t_n = T$ に対し，$\tau_i \in [t_{i-1}, t_i]$ を任意にとり，$P(\tau_i) = P_i$ とかいて，

$$S_\Delta = f(P_1)(x(t_1)-x(t_0)) + \cdots + f(P_n)(x(t_n)-x(t_{n-1}))$$

とおく．分割 Δ の幅を一様に小にすれば，S_Δ は一定の極限に近づく．この極限値を

$$\int_C f(x,y)dx$$

とかく．やかましくいうと，$x(t)$ が単に連続なだけでは，この命題は正しくない．理解の便宜上，有限個の点を除いて，$x'(t)$ が連続(区分的になめらか)とする．数学的には $x(t)$ を有界変動とすればよい．なお，パラメータ t を他のパラメータでおきかえた場合，向きを変えなければ積分は変わらない．向きを変えると，積分の符号が変わる．

曲線積分は，つぎのようにかきあらためることができる．簡単のため

に C は自分自身と交わらないとする．

(2) $$\int_C f(x,y)dx = \int_{-\infty}^{\infty} \Phi(x)dx.$$

ここで $\Phi(x)$ はつぎのようにして定義される．x を固定し，x を通り y 軸に平行な直線を l とする．その向きは y 軸と同じ向きとする．l が C と交わる点を $M_1, M_2, \cdots, M_n$ とし，
$$\Phi(x) = \varepsilon_1 f(M_1) + \varepsilon_2 f(M_2) + \cdots + \varepsilon_n f(M_n)$$
とおく．ここで，$\varepsilon_i = \pm 1$ で，M_i で $x(t)$ が増加の状態にあるときは $\varepsilon_i = 1$ とし，減少の状態にあるときは $\varepsilon_i = -1$ とする．図1では，$\varepsilon_1 = \varepsilon_3 = 1$，$\varepsilon_2 = -1$ である．

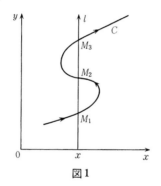

図1

ところで，C によっては，l と C との交わりが複雑になる場合もあるが，そのような状況を呈する x の集合は積分の意味では無視できる（測度ゼロである）．なお，l と C とが交わらなければ $\Phi(x) = 0$ とおく．したがって(2)の積分範囲は有限である．

(1)の証明に移る．x を固定し，l と C との交点を考える（図2参照）．
y 座標が増加する向きに l をたどっていって，交点を $M_1, M_2, \cdots$ とする．奇数番目の M_i では，領域 D に入り，$\varepsilon_i = 1$ であり，偶数番目の M_i では D を離れ，$\varepsilon_i = -1$ である．ゆえに，
$$\Phi(x) = \{f(M_1) - f(M_2)\} + \{f(M_3) - f(M_4)\} + \cdots$$

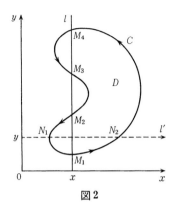

図 2

をえる．微積分の基本定理より，

$$\Phi(x) = -\int_{M_1}^{M_2}\frac{\partial f}{\partial y}dy - \int_{M_3}^{M_4}\frac{\partial f}{\partial y}dy - \cdots$$
$$= -\int_{D(x)}\frac{\partial f}{\partial y}dy.$$

ここで，$D(x)$ は l と D との交わりの集合である．ゆえに

$$\int_{-\infty}^{\infty}\Phi(x)dx = -\int_{-\infty}^{\infty}\left(\int_{D(x)}\frac{\partial f}{\partial y}dy\right)dx$$
$$= -\iint_D\frac{\partial f}{\partial y}dxdy$$

がなりたつ．同様に $y(t)$ について，$x(t)$ と同様な条件のもとに，

$$\int_C gdy = \int\Psi(y)dy$$

の形にかける．前の場合と違い，

$$\Psi(y) = -g(N_1)+g(N_2)-\cdots$$
$$= \int_{D(y)}\frac{\partial g}{\partial x}dx$$

となる(図 2 参照)．ゆえに，

$$\int_C g\,dy = \iint_D \frac{\partial g}{\partial x}dxdy$$

となり，(1)が示された．

定理の応用を1つのべる．ベクトル場 $\vec{E}(x,y)=(E_x(x,y), E_y(x,y))$ が1価関数 $\varphi(x,y)$ によって，$\vec{E}=-\mathrm{grad}\,\varphi$ の形にかけるための必要十分条件は，

$$\frac{\partial}{\partial x}E_y(x,y) = \frac{\partial}{\partial y}E_x(x,y)$$

がなりたつことである．実際，$(x,y)=P$ とかく．P_0 を固定し，

$$\varphi(P) = -\int_{P_0}^{P} E_x dx + E_y dy$$

と定義すればよい．くわしくいえば，考えている範囲では，任意の閉曲線はその範囲での連続的変形によって1点に縮めることができるという制限がつく．

10 ガウス

Carl Friedrich Gauss (1777-1855)

I　ガウスの定理

空間におけるガウスの定理とは，3次元空間の中の閉曲面 S(たとえば球面，ドーナツの表面，多面体の表面など)の上の曲面積分を，それが囲む領域 D の積分でおきかえられることを主張する定理であって，つぎの形で表現される．

$$(1) \quad \iint_S X\,dydz + Y\,dzdx + Z\,dxdy$$
$$= \iiint_D \left(\frac{\partial X}{\partial x} + \frac{\partial Y}{\partial y} + \frac{\partial Z}{\partial z}\right) dxdydz.$$

ここで X, Y, Z は (x, y, z) の関数で，右辺にあらわれる第1次偏導関数とともに，境界 S まで含めて連続とする．曲面 S は球面，ドーナツ面のように接平面が連続的に変わる曲面(なめらかな曲面)はもちろんのこと，多面体のような，なめらかな曲面を有限個つなぎ合わせた，いわゆる区分的になめらかな曲面(piecewise-smooth surface)でもかまわない．

左辺の曲面積分のやや直観的な説明をする．曲面積分を考えるときには，一般には面に表，裏の区別をする．今の場合は D の外側(外領域)に面する側を表(正の側)と指定する．$F(x, y, z)$ を S 上の連続関数として

$$(2) \quad \iint_S F(M)\,dxdy$$

を例として証明する．記号から推察されるように，これは曲面を xy 平面上に正射影してえられるところの，何枚にも重なった，表裏を考慮に入れた面の集まりの上の積分である．

具体的にするために，S 上の領域 δ を考える．その周を C とする．

C は δ を正の向きに回るように向きづけられているとする (図 1 参照). δ の xy 平面上の正射影は,その位置によって,(a), (b), (c) のようになる. (a), (b) はそれぞれ δ の表 (裏) が xy 平面の表側に射影されている. (c) はそのいずれでもない 1 例である.

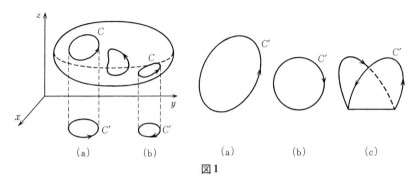

図 1

そこで,(a) の場合は射影された面積を,(b) の場合は,それにマイナスをつけた量を考える. いずれの場合も,それは

$$\omega(\delta) = \frac{1}{2}\int_{C'} x\,dy - y\,dx$$

で定義される. C' は C の射影で,その向きは C から自然にきまる向きである. 一般に $\omega(\delta)$ はプラスに写像される面分の面積から,マイナスに写像される面分の面積を引いた量である.

曲面 S を小さい領域 $\delta_1, \delta_2, \cdots, \delta_n$ に分割し,各 δ_i に対して任意に M_i ($\in \delta_i$) を選び,和

$$S_\varDelta = F(M_1)\omega(\delta_1) + F(M_2)\omega(\delta_2) + \cdots$$

を考える. S の分割 $\varDelta$ を一様に細かくすると分割の仕方にかかわらず一定の極限 I に近づくことが示される. この I が (2) で表される曲面積分の定義である. 前章と同様に,(2) は xy 平面上の普通の積分で表される.

(3)
$$\iint_S F(M)dxdy = \iint \Phi(P)dxdy$$

$\Phi(P)$ ($P=(x,y)$) はつぎのようにして定義される．P を通り z 軸に平行な同じ向きの直線 l を考える．l と S との交点を $M_1, M_2, \cdots$ (有限個)として，

$$\Phi(P) = \varepsilon_1 F(M_1) + \varepsilon_2 F(M_2) + \cdots$$

とおく．$\varepsilon_i = \pm 1$ で，M_i で l が S を裏から表に貫通しているときは $\varepsilon_i = 1$，反対の場合は $\varepsilon_i = -1$ とする．さて $M_1, M_2, \cdots$ を z 座標の増加する順序に並べておくと(図 2 参照)，i が奇数のとき $\varepsilon_i = -1$，偶数のとき $\varepsilon_i = +1$ になる．微積分の基本定理より，D と l との交わりを $D(P)$ とおくと，

$$\Phi(P) = \{-F(M_1) + F(M_2)\} + \{-F(M_3) + F(M_4)\} + \cdots$$
$$= \int_{D(P)} \frac{\partial F}{\partial z} dz$$

をえる．なお P によっては l と S との交わりが複雑になるが，そのような P は積分では無視できる(測度ゼロ)．(3)より，

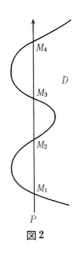

図 2

$$\iint_S F(M)dxdy = \iiint_D \frac{\partial F}{\partial z}dxdydz.$$

(1)にあらわれる他の2つの曲面積分についても同様で，(1)が示された．

なお(1)の左辺は，S 上の面積要素を dS，単位外法線 n の成分 (n_x, n_y, n_z) を使って，

(4) $$\iint_S (X\cdot n_x + Y\cdot n_y + Z\cdot n_z)dS$$

とかかれる．(1)を証明することは，本質的には(3)を示すことである．これにはかなりの労力を要する．S が簡単な形状の場合はほとんど自明ではあるが．

(4)は面積要素 dS を用いて表現されているので，説明をつけ加える．一般に曲面は局所座標 $(u,v)\in\Omega\,(\subset \boldsymbol{R}^2)$ を用いて表されるが，このとき

$$A = \frac{\partial(y,z)}{\partial(u,v)}, \quad B = \frac{\partial(z,x)}{\partial(u,v)}, \quad C = \frac{\partial(x,y)}{\partial(u,v)}$$

とかいたとき，

(5) $$dS = \sqrt{A^2+B^2+C^2}\,dudv \equiv Hdudv$$

で面積要素が定義される．もちろん $A^2+B^2+C^2>0$ を仮定する．

このとき，法線の方向余弦を (n_x, n_y, n_z) とすると，

(6) $$n_x = \varepsilon\frac{A}{H}, \quad n_y = \varepsilon\frac{B}{H}, \quad n_z = \varepsilon\frac{C}{H}$$

がなりたつ．$\varepsilon=\pm1$（複号同順）であり，複号は法線の向き（＝曲面の表裏）を指定すれば一意的に定まる．このとき，Ω に対応する曲面の部分を S とすると，

$$\iint_S F(M)dxdy = \iint_\Omega F(u,v)\frac{\partial(x,y)}{\partial(u,v)}dudv$$

で定義されるが，さらに右辺は，(5), (6)を考慮すれば，

$$\iint_\Omega F(u,v)\frac{C}{\sqrt{A^2+B^2+C^2}}dS = \varepsilon\iint_S F(M)n_z dS$$

で表される.

以上より，つぎの定理がなりたつことがわかった.

$$\iint_S F\cdot n_x dS = \iint_S F\,dydz,$$

$$\iint_S F\cdot n_y dS = \iint_S F\,dzdx,$$

$$\iint_S F\cdot n_z dS = \iint_S F\,dxdy$$

がなりたつ．したがってガウスの定理(1)はつぎのようにも表される.

(1′) $$\iint_S (X\cdot n_x + Y\cdot n_y + Z\cdot n_z)dS$$
$$= \iiint_D \left(\frac{\partial X}{\partial x}+\frac{\partial Y}{\partial y}+\frac{\partial Z}{\partial z}\right)dxdydz.$$

応用上よく使われる定理を1つ説明しよう．記号を少し変える．S 上の点 $x=(x_1, x_2, x_3)$ における単位外法線の成分を $n=(n_1, n_2, n_3)$ とかく．$f(x)\equiv f(x_1, x_2, x_3)$ を領域 D に S を含めた範囲 $\bar{D}$ で C^2 級の関数とする．境界 S における単位外法線 n に沿う $f(x)$ の方向微分を

$$\frac{d}{dn}f(x) = n_1\frac{\partial}{\partial x_1}f(x) + n_2\frac{\partial}{\partial x_2}f(x) + n_3\frac{\partial}{\partial x_3}f(x)$$

で表す．ガウスの定理よりつぎのことが導かれる.

ガウスの定理の系 うえの仮定のもと，つぎのことがなりたつ.

$$\iint_S \frac{d}{dn}f(x)dS = \iiint_D \left(\frac{\partial^2}{\partial x_1^2}+\frac{\partial^2}{\partial x_2^2}+\frac{\partial^2}{\partial x_3^2}\right)f(x)dx_1 dx_2 dx_3$$
$$\equiv \iiint_D \Delta f(x)dx.$$

ここで Δ はラプラシアンである(第7章「ラプラス」参照).

説明しよう．$(1')$ より

$$\begin{aligned}(左辺) &= \iint_S \frac{\partial}{\partial x_1}f(x)\cdot n_1 dS + \frac{\partial}{\partial x_2}f(x)\cdot n_2 dS + \frac{\partial}{\partial x_3}f(x)\cdot n_3 dS \\ &= \iint_S \frac{\partial}{\partial x_1}f(x)dx_2 dx_3 + \frac{\partial}{\partial x_2}f(x)dx_3 dx_1 + \frac{\partial}{\partial x_3}f(x)dx_1 dx_2 \\ &= \iiint_D \Big\{ \frac{\partial}{\partial x_1}\Big(\frac{\partial}{\partial x_1}f(x)\Big) + \frac{\partial}{\partial x_2}\Big(\frac{\partial}{\partial x_2}f(x)\Big) \\ &\quad + \frac{\partial}{\partial x_3}\Big(\frac{\partial}{\partial x_3}f(x)\Big) \Big\} dx_1 dx_2 dx_3 \\ &= \iiint_D \Delta f(x)dx.\end{aligned}$$

II　ガウスの法則

　ガウスの定理の応用として静電場についてのガウスの法則を説明する．さすがにガウスと思わせる法則である．すでに第 7 章である程度説明したので，簡略にのべる．

　ガウスの法則は

(7) $$U(x) = \int \mu(\xi)|x-\xi|^{-1}d\xi$$

に対して，

(8) $$\int_S \frac{d}{dn}U(x)dS = -4\pi \int_D \mu(\xi)d\xi$$

がなりたつことを主張する．S はガウスの定理が適用されるような任意の閉曲面であり，D は S で囲まれた領域である．$\mu(\xi)$ は全空間に分布し，かつ不連続であってもかまわないが有界で，積分可能とする．静電場の言葉でいうと，

$$(9) \quad \vec{E}(x) = -\frac{1}{4\pi\varepsilon_0} \text{grad } U(x)$$

に対して,

$$(10) \quad \int_S \vec{E}\cdot\vec{n}\,dS = \frac{1}{\varepsilon_0}\int_D \mu(\xi)d\xi$$

がなりたつことを主張する．証明は以下の通り．まず $x \in S$ に対して

$$(11) \quad \frac{d}{dn}U(x) = \int \mu(\xi)\frac{d}{dn_x}|x-\xi|^{-1}d\xi$$

がなりたつ．ついで

$$(12) \quad \int_S \frac{d}{dn_x}|x-\xi|^{-1}dS_x = \begin{cases} -4\pi, & \xi \in D \\ 0, & \xi \in (\text{外部領域}) \end{cases}$$

さらに

$$(13) \quad \int_S \left(\int \mu(\xi)\frac{d}{dn_x}|x-\xi|^{-1}d\xi\right)dS_x$$
$$= \int \mu(\xi)\left(\int_S \frac{d}{dn_x}|x-\xi|^{-1}dS_x\right)d\xi$$

がなりたつ(積分順序の交換可能性)．これで(8)が示されたことになる．(11), (13)は自明ではないが，認めることにし，(12)を示す．これは立体角についての基本定理であり，前節 I の最後に示したガウスの定理の系を用いれば明快にわかる．

まず第2の場合を考える．D に S を含めた範囲を $\bar{D}$ とし，$\xi \notin \bar{D}$ とする．$f(x)=|x-\xi|^{-1}$ とおく．$f(x)$ は $\bar{D}$ で定義された C^2 級の関数である．計算によって $\Delta f(x)=0$, $x \in \bar{D}$ が確かめられるから，前節の定理の系により (12)で表される量は 0 である．

第1の場合は ξ を中心に半径 ε の球を D から除いた領域を D_ε とし，球の表面を S_ε とする(図3参照)．この場合は $\xi \notin \bar{D}_\varepsilon$ であるから同様な理由により，

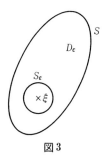

図3

$$\int_S \frac{d}{dn_x}|x-\xi|^{-1}dS_x + \int_{S_\varepsilon}\frac{d}{dn_x}|x-\xi|^{-1}dS_x = 0.$$

第 2 項の被積分関数は，$|x-\xi|=r$ とおけば，$-\frac{d}{dr}\left(\frac{1}{r}\right)\Big|_{r=\varepsilon}=\varepsilon^{-2}$ である．ゆえにその積分は 4π である(証明終わり)．

ガウスの法則は電荷が曲面 Σ 上に分布している場合でもなりたつ．このとき Σ と S との交わりが S 上の測度ゼロの集合になっていることが必要である．ところで(8)の左辺はガウスの定理によって，

$$\int_D \Delta U(x) dx$$

となるが，D は任意であるから，$\mu(\xi)$ を連続すると，

(14) $$\Delta U(x) = -4\pi\mu(x)$$

となる．これは有名なポアソンの定理である．しかし，このためには $U(x)$ が 2 次導関数まで連続であることを確かめておく必要がある．$\mu(x)$ が 1 次導関数まで連続であれば，これは正しいが，連続だけではこれはしたがわない．

アルキメデス(Archimedes, 287 ?-212 B. C.)の原理——液体中にある物体は排除した液体の重量に相当する浮力を受ける——はガウスの定理を通じて明快に理解できる．液体の表面を xy 平面に，鉛直上方を z 軸にとる(図 4 参照)．液体に物体が浮かんでいるとする．

液体に接している面全体を Σ とする．物体は Σ の各点において面に

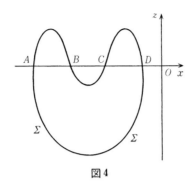

図4

垂直な，大きさ $\rho g h S$ の圧力を受ける．ρ, g はそれぞれ液体の密度，重力加速度であり，h は面の点から液体表面(xy 平面)までの距離である．さらに n_z を単位外法線の z 成分とすると，上の圧力の z 成分は，$\rho g |z|\cdot(-n_z)dS$ である．この力の合力の z 成分 Z は，$|z|=-z$ であるから，

$$Z = \rho g \iint_\Sigma z n_z dS.$$

Σ は一般には閉曲面にはならないので，これに液体表面(xy 平面)の一部分 Σ' をつけ加えた閉曲面 S を考える．Σ' 上では $z=0$ であるから，曲面積分において Σ を S に変えても値は変わらない．ガウスの定理 (1') より

$$Z = \rho g \iint_S z n_z dS = \rho g \iiint_D \frac{\partial}{\partial z}(z) dx dy dz = \rho g V(D).$$

$V(D)$ は S で囲まれた領域 D の体積であるが，これは物体が排除した液体の体積である．図4において，Σ' は AB および CD に相当する面分になる．なお合力の x 成分，y 成分 X, Y はともに 0 である．

11　合成積とデルタ関数

Paul Adrien Maurice Dirac (1902-1984)

I 合成積

数学を横から眺めることにし,歴史的な発展を少々無視して,ディラック(P. A. M. Dirac, 1902-84)によるデルタ関数について解説する.

$f(x), g(x)$ (積分可能関数) に対して

$$(1) \qquad h(x) = \int_{-\infty}^{\infty} f(x-y)g(y)dy$$

の形で定義される関数 $h(x)$ を f, g の合成積(convolution),またはたたみ込みという.記号で

$$(2) \qquad h(x) = f(x) * g(x)$$

とかく. (1)において $x-y=y'$ とおいて積分変数を y から y' に変更することにより,

$$(3) \qquad f * g = g * f$$

であることがわかる.

合成積は解析学にしばしば登場する.理由は,微分方程式,偏微分方程式の解は,粗くいって微分の逆演算であり,とくに方程式が定数係数の場合は,それらは与えられたデータを含む合成積の形をとるからである.

最も簡単な例として,

$$u'(t) + au(t) = f(t), \qquad u(0) = 0$$

を満足する解は,一意的に

$$(4) \qquad u(t) = \int_0^t e^{-a(t-s)} f(s) ds$$

とかける.これが(1)の形をしていることを見るには,つぎのように考えればよい.

(4)を $t \geq 0$ で考える.ヘビサイド関数 $Y(t)$,

を導入すると，(4)は

$$Y(t)u(t) = \int_{-\infty}^{\infty} Y(t-s)e^{-a(t-s)} Y(s)f(s)ds$$
$$= Y(t)e^{-at} * Y(t)f(t)$$

とかける．なぜなら $Y(t-s)Y(s)$ が 0 でないのは，s が $[0,t]$ の範囲に限られるからである．さらに一般に，定数係数線形微分方程式

(5) $\qquad u^{(n)} + a_1 u^{(n-1)} + \cdots + a_n u = f(x)$

の解で，$x=a$ での初期データが 0，すなわち，$u^{(j)}(a)=0$ $(0 \leq j \leq n-1)$，をみたす解は，基本解を用いて，

(6) $\qquad u(x) = \int_a^x R(x-y)f(y)dy$

と一意的に表される．$R(x)$ は(5)の斉次方程式(右辺を 0 とおいた式)の解で，

$$R^{(j)}(0) = 0 \quad (0 \leq j \leq n-2), \quad R^{(n-1)}(0) = 1$$

をみたすものである．(6)が初期データをみたす解であることは，基本的な微分公式：$F(x)=\int_a^x f(x,y)dy$ に対して，

$$F'(x) = f(x,x) + \int_a^x \frac{\partial}{\partial x}f(x,y)dy$$

をくり返し用いることによって検証される．

上の事実を用いてテイラー展開の剰余項を求めてみよう．剰余項を $u(x)$ とおく．

$$u(x) = f(x) - \left[f(a) + \frac{f'(a)}{1!}(x-a) + \cdots + \frac{f^{(n-1)}(a)}{(n-1)!}(x-a)^{n-1} \right].$$

$u(x)$ は微分方程式 $u^{(n)}(x)=f^{(n)}(x)$ の解で，$x=a$ での初期データは 0 である．

この方程式の基本解は $x^{n-1}/(n-1)!$ であるから，(6) より
$$u(x) = \int_a^x \frac{(x-y)^{n-1}}{(n-1)!} f^{(n)}(y) dy$$
である．

3次元の場合でも合成積の定義は同様で，前章で扱った $U(x)$ は
$$U(x) = \int \frac{\mu(\xi)}{|x-\xi|} d\xi = \frac{1}{|x|} * \mu(x)$$
とかかれる．

合成積とフーリェ変換との関係は決定的である．合成積はフーリェ像の世界では正真正銘の積に対応する．それは

(7) $$\int e^{-ix\xi} \Big(\int f(x-y)g(y)dy \Big) dx$$

において積分順序を交換する．その際，
$$\int e^{-ix\xi} f(x-y) dx = e^{-iy\xi} \int e^{-i(x-y)\xi} f(x-y) dx = e^{-iy\xi} \hat{f}(\xi)$$
であることに着目すれば，(7) $= \hat{f}(\xi)\hat{g}(\xi)$．記号でかけば，

(8) $$\mathcal{F}[f*g] = \mathcal{F}[f]\mathcal{F}[g].$$

微分方程式，さらに偏微分方程式では，この関係式を逆に用いて解の表示がえられている場合が多い．

確率論では合成積が最初の段階から登場する．独立な確率変数(random variable) X, Y の確率密度をそれぞれ $f(x), g(x)$ とする．$X+Y$ の確率密度は(1)で与えられる．理由はつぎの通り．定義より，$x \leqq X \leqq x+dx$ かつ $y \leqq Y \leqq y+dy$ である確率は $f(x)g(y)dxdy$ である．したがって確率変数 (X, Y) が2次元平面の集合(図形) D の値をとる確率は

$$\iint_D f(x)g(y)dxdy$$

で与えられる．変数変換 $x+y=u, \ y=v$ によって，この値は，

$$\iint_{D'} f(u-v)g(v)dudv$$

にひとしい．実際 $dxdy=dudv$ (変換のヤコビアン $=1$) がなりたつからである．これにより，とくに $u \leq X+Y \leq u+du$ である確率は

$$du \int_{-\infty}^{\infty} f(u-v)g(v)dv$$

となる(図1参照)．なおこのことは，記号を変えて，

(9) $$f_{X+Y}(x) = f_X(x) * f_Y(x)$$

とかかれる．(8)を考慮すれば，確率論の諸結果がフーリェ変換を用いて導かれることが推察される．

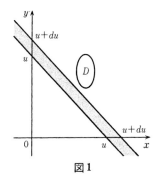

図1

II デルタ関数

なめらかな水平テーブルの上に小球がおかれている．これを爪でピンと弾くと，球はテーブルの上を等速運動するであろう．これを説明するには，1次元化して，

(10) $$m\frac{d^2x}{dt^2} = 0, \quad x(0) = 0, \quad x'(0) = k > 0$$

をみたす $x(t)$ を $t \geq 0$ で求める問題に転化して考えるのが通常である．

答は $x(t)=kt$, $t\geq 0$ である.

しかし，これだけではニュートンの運動方程式

$$m\frac{d^2}{dt^2}x(t) = f(t)$$

との関係がはっきりしない．爪で弾くという瞬間力あるいは衝撃力を表現するものを $f(t)$ のところにおく必要がある．もちろん，それにはある意味での理想化をして考える必要があるが，これに答えるのが，ディラックのデルタ関数である．結果をいえば，(10)を

(11) $$m\frac{d^2x}{dt^2} = a\delta(t), \quad t\leq 0 \text{ で } x(t) = 0$$

とかきあらためることによって問題点は解消する．$\delta(t)$ をデルタ関数とよぶ．a は衝撃力の大きさ(力積)を表し，$\delta(t)$ は単位衝撃力を表す.

$\delta(t)$ を説明しよう．$\delta(t)$ はつぎの条件をみたす連続関数族(列) $\{f_\varepsilon(t)\}$ の $\varepsilon\to 0$ の極限として定義されるものである.

1° $f_\varepsilon(t)\geq 0$
2° $|t|\geq \varepsilon$ で $f_\varepsilon(t)=0$
3° $\int f_\varepsilon(t)dt=1$

(11)を解く基本的な方法は，(11)の $\delta(t)$ を $f_\varepsilon(t)$ で置き換えてえられる解 $x_\varepsilon(t)$ を求め，$\varepsilon\to 0$ の極限として $x(t)$ を求めるものである．前にのべたように((6)参照)，

$$x_\varepsilon(t) = \frac{a}{m}\int_{-\varepsilon}^{t}(t-s)f_\varepsilon(s)ds.$$

$\varepsilon\to 0$ とすると，右辺は $\frac{a}{m}t$ に近づく．ゆえに前節で導入した $Y(t)$ を用いて，(11)の解は

$$x(t) = \frac{a}{m}Y(t)t$$

となる．ところで $Y(t)$ を図2にあるような関数族 $\{\varphi_\varepsilon(t)\}$ で近似する.

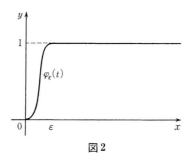

図2

$\varphi_\varepsilon(t)$ は $t \geqq \varepsilon$ で 1 である．

$$Y(t) = \lim_{\varepsilon \to 0} \varphi_\varepsilon(t).$$

ここで $\{\varphi_\varepsilon'(t)\}$ は 1°-3° の条件をみたす．ゆえに

(12) $$Y'(t) = \lim_{\varepsilon \to 0} \varphi_\varepsilon'(t) = \delta(t).$$

この式を容認するためには，微分できない $Y(t)$ の導関数を求める根拠を明らかにすべきであろう．そのためには従来の関数空間をデルタ関数 $\delta(t)$ を含むような範囲にまで拡張して考える必要があるであろう．シュワルツ (L. Schwartz, 1915-) による超関数がそれである．これについて以下にその考え方の要点を説明したい．くわしくは，第 27 章「超関数」を参照されたい．超関数では局所積分可能関数 $f(x)$ に対して，その導関数 $f'(x)$ を，任意のテスト関数 $\varphi(x)$ に対して

$$\int_{-\infty}^{\infty} f'(x)\varphi(x)dx = -\int_{-\infty}^{\infty} f(x)\varphi'(x)dx$$

がなりたつものとして定義されている．$\varphi(x)$ は無限回微分可能な関数で，かつ十分大きい $|x|$ では 0 となるものをとる．なお，$f'(x)$ は一般には，もはや普通の意味の関数にはならず，超関数になる．このように導関数の定義を拡張すると，$f_n(x) \to f(x)$ $(n \to \infty)$ ならば，$f_n'(x) \to f'(x)$ $(n \to \infty)$ がつねになりたつ．これを使っているのである．すなわち，上

の場合 $Y'(x)$ を求めるのに $Y(x)$ を近似する $\varphi_\varepsilon(x)$ の導関数列 $\varphi_\varepsilon'(x)$ の極限を考えればよいのである．

　デルタ関数は基本解あるいは素解(elementary solution)を定義するさいの記号としても貴重である．3次元空間でのポアソンの公式は，

$$U(x) = \int \mu(\xi)|x-\xi|^{-1}d\xi = \frac{1}{|x|} * \mu(x)$$

に対して，$\Delta U(x) = -4\pi\mu(x)$ がなりたつことを主張する．端的には，

(13) $$\Delta\left(\frac{1}{|x|}\right) = -4\pi\delta(x)$$

を主張している．このことを $-\dfrac{1}{4\pi|x|}$ は Δ の素解であるという．実際 (13)がなりたっていれば

(14) $$\Delta\int |x-\xi|^{-1}\mu(\xi)d\xi = -4\pi\int \delta(\xi-x)\mu(\xi)d\xi = -4\pi\mu(x)$$

となるからである．(13)を以下に示す．$\delta(x)$ はディラックおよびシュワルツの定義にしたがえば，

$$\int \delta(x)\varphi(x)dx = \varphi(0)$$

である．超関数としての偏導関数の定義も前と同様で，(13)を示すには，$|x|=r$ とかいて，$\varphi(x)=\varphi(r)$ の場合に限って，

(15) $$\int \Delta\left(\frac{1}{r}\right)\varphi(r)dx = \int \frac{1}{r}\Delta\varphi(r)dx = -4\pi\varphi(0)$$

を示せばよい．$dx = dx_1 dx_2 dx_3$ であり，

$$\Delta\varphi(x) = \left(\frac{d^2}{dr^2} + \frac{2}{r}\frac{d}{dr}\right)\varphi(r).$$

極座標を用いると，$dx = r^2 d\omega dr$，$d\omega$ は単位球面上の面積要素であり，単位球面の表面積は 4π であるから，(15)式は

$$\int \frac{1}{r}\Delta\varphi(r)dx = 4\pi\int_0^\infty \frac{1}{r}\Big(\varphi''(r)+\frac{2}{r}\varphi'(r)\Big)r^2 dr$$

とかけ，さらにこれは

$$4\pi\lim_{\varepsilon\to 0}\int_\varepsilon^\infty (r\varphi''(r)+2\varphi'(r))dr$$

となる．部分積分を用いて計算すれば，$\varphi(\infty)=\varphi'(\infty)=0$ を考慮して，

$$=4\pi\lim_{\varepsilon\to 0}(-\varepsilon\varphi'(\varepsilon)-\varphi(\varepsilon))=-4\pi\varphi(0)$$

となるから(13)が示された．なお(14)の Δ は超関数に対する演算であり，そのときは $\mu(x)$ が有界で積分可能であれば正しい．

　上記(15)の証明を補足しよう．まず(15)自身の意味をよく考える必要がある．それは，$\Delta\Big(\dfrac{1}{r}\Big)=0$, $r\neq 0$ であるから，素直に考えると，$r=0$ (原点)はもちろん測度 0 (測度 0 の集合については，第 25 章「ルベーグ積分 I」参照)であるから，左辺の積分値は φ のいかんにかかわらず 0 ということになっておかしい．その理由は，Δ を超関数の意味でとるから(15)が示されるのであり，ていねいに考える必要があるからである．超関数としての偏導関数の定義も前と同様で，

$$\Big\langle \frac{\partial}{\partial x_i}f, \varphi\Big\rangle = -\Big\langle f, \frac{\partial\varphi}{\partial x_i}\Big\rangle = -\int f(x)\frac{\partial\varphi}{\partial x_i}dx$$

である．$\dfrac{1}{r}$ の第 1 次偏導関数は今までの偏導関数と一致することはわかっている．しかし第 2 次偏導関数は今までのものとは違う．その理由は粗くいえば，原点の近傍で積分可能性が破れてしまっているからである．ゆえに積分記号は使わない方がよい．式で表せば，

$$\Big\langle \frac{\partial^2}{\partial x_i{}^2}\Big(\frac{1}{r}\Big), \varphi(x)\Big\rangle \neq \int \frac{\partial^2}{\partial x_i{}^2}\Big(\frac{1}{r}\Big)\cdot\varphi(x)dx.$$

左辺は超関数として意味をもっているが，右辺は意味を失っている．ゆえに(15)は，

(16) $\left\langle \Delta\left(\dfrac{1}{r}\right), \varphi(x) \right\rangle = \left\langle \dfrac{1}{r}, \Delta\varphi(x) \right\rangle$

$\qquad\qquad\qquad = \int \dfrac{1}{r} \cdot \Delta\varphi(x) dx = -4\pi\varphi(0)$

を意味する．このとき，第1の等号は Δ を超関数に作用する偏導関数の定義に沿うものであり，第2の等号は $\dfrac{1}{r}$ が局所可積分であるから，積分形で表せることを示している．

　なお，今までテスト関数 $\varphi(x)\,(=\varphi(x_1, x_2, x_3))$ を $\varphi(r)$ として (15) を示せばよいとしたが，その仮定をはずした場合，込みいった考察が必要である．これに関してはつぎの書物の p.85-87 を参照されたい：L. シュワルツ『物理数学の方法』(吉田耕作，渡辺二郎訳，岩波書店，1966)．

12 アーベル

Niels Henrik Abel (1802-1829)

I 一様収束

ノルウェーの天才数学者アーベル(N. H. Abel, 1802-29)は,フランスのガロア(E. Galois, 1811-32)とともに,数学にいくばくかの興味を抱く人達の関心を引く.その理由は,彼らの短い生涯が劇的であり,また当時のヨーロッパの状況が物語を通じてうかがい知ることができるからであろう.彼らの数学におけるアイディアは余りにも斬新で,短命であったこともあって,当時の数学界にただちに受け入れられず,19世紀後半にいたり数学の流れの主流になった.

アーベルの仕事は,アーベル群,アーベル積分のように現代の群論,高等複素解析の出発点として登場する.しかし,ここでは登場したばかりのコーシーの解析学の不明確な点を補強し,文字通り現代解析学の出発点を与えた様子の一端を紹介する.

アーベルの非凡な数学的才能は,中学時代赴任してきた青年の数学教諭ホルンボーによって目覚めた.目覚めたアーベルはオイラー,ラグランジュ等の大家の著書に親しんだ.クリスチャニア(現在オスロー)大学に進んだが,独学によって勉強し,在学中に5次の一般代数方程式は代数的には解けないことを発表した.1825年9月から1827年5月の間海外留学し,ベルリン,パリに滞在した.彼の仕事は大略この期間になされたもので,みずみずしい数学の感性に溢れている.

1826年1月16日のベルリンから前述のホルンボーに宛てた手紙につぎの記述がある.

$$\frac{1}{2}x = \sin x - \frac{1}{2}\sin 2x + \frac{1}{3}\sin 3x - \cdots$$

が $|x|<\pi$ でなりたつことを厳密に説明することができる.そこで

$x=\pi$ でもこの公式がなりたつようにも思えるだろう．しかしそのときは，

$$\frac{\pi}{2} = \sin \pi - \frac{1}{2}\sin 2\pi + \frac{1}{3}\sin 3\pi - \cdots$$
$$= 0 \quad (不合理)$$

このような例はいくらでも挙げられる．大体無限級数論は今のところ完全にはできていない．……無限級数の導関数を得るのに，各項を微分すればよいことがどこに証明されているかね．そうはいかない．上式を微分すれば，

$$\frac{1}{2} = \cos x - \cos 2x + \cos 3x - \cdots$$

これは間違いである．この級数は発散する．（高木貞治『近世数学史談』より引用）

コメントをしよう．コーシーの『解析学講義』(*Cours d'analyse*) (1821) につぎの定理がのべられている．

定理1 $[a, b]$ で定義された関数項 $u_n(x)$ の級数が $[a, b]$ で収束するとする．

(1) $$S(x) = u_1(x) + u_2(x) + \cdots + u_n(x) + \cdots$$

とおく．$u_n(x)$ がすべて連続関数であれば $S(x)$ もまた連続関数である．

これにつぎの証明が与えられている．
$$s_n(x) = u_1(x) + \cdots + u_n(x),$$
$$S(x) = s_n(x) + r_n(x)$$

とおくと，収束の定義から，任意の $\varepsilon (>0)$ に対して N があり，$n \geq N$ である限り，

(2) $$|r_n(x)| < \varepsilon$$

がなりたつ．$s_n(x)$ は連続であるから，$S(x)$ も連続である．

さて，上記の定理を正しいとすると文中にある $\sin x - \frac{1}{2}\sin 2x + \cdots$ は $[-\pi, \pi]$ で定義された連続関数ということになる．したがって

$$S(\pi) = \lim_{x \to \pi-0} S(x) = \lim_{x \to \pi-0} \frac{x}{2} = \frac{\pi}{2}$$

がなりたつはずである．他方 $S(\pi)$ はその形から 0 である(不合理)．

アーベルは単なる収束——今日これは各点収束(point-wise convergence)という——から(2)がしたがうわけではないことを見抜き，新たに(2)がなりたつことを条件として課するならば，コーシーの定理がなりたつとした．

今日(2)は一様収束(uniform convergence)とよばれている．誤解のないように(2)をかけば，

(2)′ $\qquad \sup |r_n(x)| \leq \varepsilon, \quad x \in [a, b]$

となる．左辺は $|r_n(x)|$ の $x \in [a, b]$ における上限(supremum)をさす．一様収束という概念は今日の解析学において重要な役割を果たしている．一様収束と各点収束との違いを視覚的にとらえられる例としてつぎのものがある．

$u_n(x)$ は $x \in [1/(n+1), 1/n]$ では図1のような単純な連続関数とし，それ以外では 0 とする．(1)によって定義される $S(x)$ を考えてみればよい．$x=0$ で $S(x)$ は不連続である(不連続点はこれだけ)．実際 $S(0)=0$ であるが，原点のどんな小さい近傍 $|x| \leq \delta$ をとっても $S(x)=1$ となる x があるからである．なおこのときは，原点を含むどんな小さい近傍をとっても(2)′の左辺は 1 である．今までのべてきたことを別の形で表しておく．

定理2(極限関数の連続性) 関数列 $\{f_n(x)\}$ がすべて $x=c$ で連続とする．$n \to \infty$ のとき $f_n(x)$ が $f(x)$ に $x=c$ のある近傍 $V : |x-c| \leq \delta$ で一様収束するならば，$f(x)$ も $x=c$ で連続である．このとき一様収束とは，(2)′ で示したように，

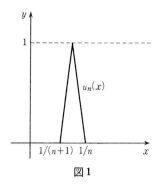

図1

(3) $$\sup_{x \in V} |f_n(x) - f(x)| \to 0 \quad (n \to \infty)$$

を意味する.

　この定理がなぜ重要なのかをいぶかる人も多いと思われるので, 適用例を1つ挙げる. 3次元空間で $\mu(\xi)$ を有界かつ積分可能, $0 < \alpha < 3$ とする.

$$U(x) = \int \mu(\xi) |x - \xi|^{-\alpha} d\xi$$

は x の連続関数であるが, これを直接示すことは案外難しい.

　定理2を適用すれば明快に理解できるのである. 積分範囲を全空間から $|\xi - c| \leq 1/n$ だけ除いたものを $U_n(x)$ ととる.

　説明しておこう. $c = (c_1, c_2, c_3)$ を任意にとり, $U(x)$ が c で連続であることを以下に示す. 積分範囲から c を中心とする半径 ε の球を除いた場合の積分を $U_\varepsilon(x)$ とおく. $U_\varepsilon(x)$ が $x = c$ で連続であることは明らかであろう. (3)を示す.

(4) $$U(x) - U_\varepsilon(x) = \int_{|\xi - c| \leq \varepsilon} \mu(\xi) |x - \xi|^{-\alpha} d\xi$$

であり, $V = \{x \mid |x - c| \leq \delta\}$ とする. $\delta (>0)$ は固定した定数とし, そして $\varepsilon (>0)$ は0に近づく正数とする. $x \in V$ はもちろんであるが, (4)の

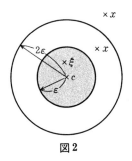

図2

積分が $\varepsilon \to 0$ のとき，x に関して一様に 0 に近づくことを示す．x の位置を2つの場合に分けて考える（図2参照）．

1°) $|x-c| \geqq 2\varepsilon$ のとき．$|x-\xi| \geqq \varepsilon$ であるから，

$$|(4)| \leqq \sup|\mu(\xi)| \cdot \int_{|\xi-c|\leqq\varepsilon} |x-\xi|^{-\alpha} d\xi \leqq \sup|\mu(\xi)| \cdot \varepsilon^{-\alpha} \int_{|\xi-c|\leqq\varepsilon} 1 d\xi$$
$$= \sup|\mu(\xi)| \cdot \varepsilon^{-\alpha} \frac{4}{3}\pi\varepsilon^3.$$

2°) $|x-c| \leqq 2\varepsilon$ のとき．積分範囲を x を中心とする半径 3ε の球にひろげて考えると，

$$|(4)| \leqq \sup|\mu(\xi)| \cdot \int_{|\xi-x|\leqq 3\varepsilon} |x-\xi|^{-\alpha} d\xi = \sup|\mu(\xi)| \cdot 4\pi \int_0^{3\varepsilon} \rho^{2-\alpha} d\rho$$
$$= \sup|\mu(\xi)| \cdot 4\pi \frac{(3\varepsilon)^{3-\alpha}}{3-\alpha}.$$

いずれの場合でも，$x \in V$ で，

(5) $\qquad |U(x) - U_\varepsilon(x)| \leqq \sup|\mu(\xi)| \cdot \mathrm{const.}\ \varepsilon^{3-\alpha}$

がなりたつ．ここで const. は ε に無関係な定数である．ゆえに，$\alpha < 3$ を考慮すれば，$\varepsilon = \dfrac{1}{n}$ とし，$U_\varepsilon(x) = U_n(x)$ とおくと，(3)がなりたつ．

II　アーベルの変換

　アーベルは海外留学中かなり旅行している．また無類の芝居好きであったようである．ベルリンでの過度の勉強のために神経衰弱になった虚弱なアーベルをひとりベルリンに残しておくことに不安を感じた友人達が，アーベルを誘って南ヨーロッパ旅行に同伴させたのであろう．1826年2月にベルリンを発って，ウィーン，トリエステ，ベネチヤ，ベローナ等に遊び，チロルで友人達と別れ，スイスを横断して目的地に着いたのは7月10日であった．パリの滞在は7月から12月までである．この滞在は彼にとって不本意なものであった．つぎの手紙はいくぶんその様子を表している．

　(10月24日付ホルンボーへの手紙)
　……この頃になってようやくのことで，ルジャンドル，コーシー，アシェット，セジェイ，およびプロシャ人のディリクレを知るようになりました．特にディリクレは僕をドイツ人と勘違いして訪ねてくれましたが，すばらしく頭の良い人です．……コーシーは「気違い」です．現代の数学をどのように取り扱うべきかを知っている数学者ではありますが，親しむことができません．業績は立派なものですが，書き方が明瞭ではありません．今でこそ読めますが，慣れないうちは，さっぱり理解できませんでした．……何といっても，今のフランスで純粋数学を本当にやっているのはこの人だけです．ポアソン，フーリェ，アンペールなどは物理学の方へ転向して，磁気だとか，電気だとか，物理学のことばかりいっています．ラプラスはもう何もやっていません．(小堀憲『大数学者』より引用)

アーベルの級数に関する眼識は鋭い．つぎの補題は何でもないようであるが素晴らしい応用をもっている．

アーベルの変換 2組の数列 $\{u_0, u_1, \cdots, u_n\}$, $\{v_0, v_1, \cdots, v_n\}$ があり，$u_0 \geqq u_1 \geqq u_2 \geqq \cdots \geqq u_n \geqq 0$ とする．

$\sigma_p = v_0 + v_1 + \cdots + v_p$ $(p=0, 1, 2, \cdots, n)$ とおく．

(6) $\qquad u_0(\min \sigma_p) \leqq u_0 v_0 + \cdots + u_n v_n \leqq u_0(\max \sigma_p)$

がなりたつ．上の min, max はともに $p=0, 1, 2, \cdots, n$ についての最小値，最大値である．

証明はつぎの通り．

$$\begin{aligned} u_0 v_0 + \cdots + u_n v_n &= u_0 \sigma_0 + u_1(\sigma_1 - \sigma_0) + u_2(\sigma_2 - \sigma_1) + \cdots + u_n(\sigma_n - \sigma_{n-1}) \\ &= \sigma_0(u_0 - u_1) + \sigma_1(u_1 - u_2) + \cdots \\ &\quad + \sigma_{n-1}(u_{n-1} - u_n) + \sigma_n u_n. \end{aligned}$$

$u_i - u_{i+1} \geqq 0$, $u_n \geqq 0$ であるから，因子 $\sigma_0, \sigma_1, \cdots, \sigma_n$ を最大値，最小値で置き換えて上の不等式をえる．

最も簡単な応用として，アーベルの総和法と今日よばれているものの原理を示す．

(7) $\qquad S = a_0 + a_1 + a_2 + \cdots + a_n + \cdots$

を収束級数とする．正のパラメータ ε を導入し，

$$S(\varepsilon) = a_0 + a_1 e^{-\varepsilon} + a_2 e^{-2\varepsilon} + \cdots$$

とすると，

(8) $\qquad \lim_{\varepsilon \to 0} S(\varepsilon) = S$

がなりたつ．証明はつぎの通り．(7)は収束級数であるから，任意の ε' (>0) に対して N があって，$p, q \geqq N$ でありさえすれば，

(9) $\qquad |a_p + a_{p+1} + \cdots + a_q| < \varepsilon'$

がなりたつ．アーベルの変換の説明で u_i, v_i をそれぞれ $e^{-i\varepsilon}, a_i$ で置き換えると，(6)によって，(9)において a_n を $a_n e^{-n\varepsilon}$ で置き換えても正し

いことがわかる．ゆえに
$$|a_N e^{-N\varepsilon} + a_{N+1} e^{-(N+1)\varepsilon} + \cdots| \leqq \varepsilon' \tag{10}$$
がなりたつ．N は ε に無関係であり，かつ $\varepsilon=0$ のときも正しい．これより (8) が示される．実際このことと，各 n に対して $a_n e^{-n\varepsilon} \to a_n \, (\varepsilon \to 0)$ がなりたつことに着目すればよい．(8) は感じでわかるのに，どうして持って回った推論をするのだと思われる方もあると思うが，S が絶対収束級数でない場合は，多少とも同種の考察がいる．

ところで，先に紹介した，アーベルのベルリンからの書簡にあるのであるが，つぎの定理は有名である．

アーベルの連続定理 $f(x) = a_0 + a_1 x + a_2 x^2 + \cdots$ が $x=R$ で収束すれば，右辺の級数は $0 \leqq x \leqq R$ で一様収束する．したがって，この範囲で連続関数であり，当然
$$f(R) = \lim_{x \to R-0} f(x)$$
がなりたつ．

原理は前と同じである．$a_n x^n = (x/R)^n a_n R^n$ と分解して考えればよい．

発散する級数は意味をもたない，といい切って無限級数の見方に基礎づけを与えたのはコーシーであるが，それにきびすを接して，無限級数についてのそれまでの問題点を指摘し，解決を与えたのがアーベルである．しかも，それらは条件収束（絶対収束しない）級数を考察の中心にすえた点も特徴的である．

前に紹介したコーシーの定理は 19 世紀末に至り，フランスの数学者ベール (R. L. Baire, 1874-1932) によって再考された．彼は一般に各点収束する連続関数列の極限関数は連続関数でないにしても連続な点は稠密にあることを示し，深い研究を行なった．20 世紀に入ってポーランド学派はこの研究を一般距離空間に拡張し，それが関数解析学を大きく発展させる原動力となった．コーシーが不用意に述べた定理が，アーベル，

ベールを刺激し，近代解析学発展の1つの動機となったことは感慨深い．

13　微分方程式

I 求積法

　微分方程式の教科書は伝統にしたがって大抵求積法から始まっている．ところがこの部分の説明は明快でない場合が多い．その1例を紹介する．

　$f(x), g(y)$ を連続，$g(y) \neq 0$，かつ簡単のために $g(y)$ は $-\infty < y < \infty$ で定義されているとする．微分方程式

$$(1) \qquad \frac{dy}{dx} = f(x)g(y)$$

の解はつぎのようにしてえられる．(1)より

$$(2) \qquad \frac{1}{g(y)}\frac{dy}{dx} = f(x)$$

であるから

$$(3) \qquad \frac{1}{g(y)}dy = f(x)dx$$

であり，したがって

$$(4) \qquad \int \frac{1}{g(y)}dy = \int f(x)dx$$

である．左辺，右辺の関数(不定積分)のうち，何でもよいから特定の関数，たとえば $\int_0^y g(\eta)^{-1}d\eta, \int_{x_0}^x f(\xi)d\xi$ をそれぞれ $G(y), F(x)$ とおくと，

$$(5) \qquad G(y) = F(x) + C.$$

ゆえに，これを y について解いて，

$$(6) \qquad y(x) = G^{-1}(F(x) + C)$$

の形の(1)の解がえられる．

　簡単なコメントをつけ加えよう．これは数学の古典的な論法の典型である．よく理解しようと思えば，必要と十分とに分けて考えるとよい．まず(1)の解 $y(x)$ が x のある区間 I であったとすると，(2)は

(7) $$\frac{d}{dx}G(y(x)) = f(x), \quad x \in I$$

を意味するから，これから(5)がしたがい，(6)がしたがう．このとき(5)は

(5)′ $$G(y(x)) = F(x) + C, \quad x \in I$$

を意味するものと見なす．ついで十分の方であるが，(5)が y について解ける(逆関数が存在する)とする．くわしくいえば，定数 C と，考える x の範囲(区間 I)を限定しての話である．その関数を $y(x)$ とかくと(5)′ がしたがい，逆にたどっていくと $y(x)$ は(1)をみたすことがわかる．要は(3),(4)を発見的方法を兼ね備えた(美しい)演算記号だと割り切ってしまうことである．なお $g(y)$ が0になる場合(例：$g(y)=y$)でも上記の論法は正しいが吟味が必要である．

(6)が任意の x に対しては意味をもたない実例を挙げる．$f(x)=1$, $g(y) \geq k(1+|y|^a)$, $k>0$, $a>1$ の場合を考える．$\int_{-\infty}^{\infty} g(y)^{-1} dy = M < \infty$ であるから，$\int_{-\infty}^{y} g(\eta)^{-1} d\eta = G(y)$ とおくと，$0 < G(y) < M$, $F(x) = x + C$ であるから，(5)より解 $y(x)$ の存在する x の区間 I の長さはつねに M 以下である．(5)は関数 $\Phi(x, y) = G(y) - F(x)$ において，y のところに(1)の任意の解 $y(x)$ を代入した $\Phi(x, y(x))$ が x の関数として定数値であることを示しており，一般にこのような関数は与えられた微分方程式の積分あるいは第1積分とよばれている．

積分という概念は重要である．その1例として，

(8) $$\begin{cases} \dot{x} = -\omega y \\ \dot{y} = \omega x \end{cases} \quad \omega \neq 0$$

の一般解を考える．このとき $\Phi(x, y) = x^2 + y^2$ は(8)の積分である．実際，$\frac{d}{dt}(x^2 + y^2) = 2x\dot{x} + 2y\dot{y}$ であり，$\dot{x}, \dot{y}$ のところに $-\omega y, \omega x$ を代入すれば0となるからである．これより解の形として，$x = r\cos\varphi(t)$, $y = r\sin\varphi(t)$ の形におくことができる．$\dot{x}, \dot{y}$ を考えれば $\dot{\varphi} = \omega$ がした

がう．これより(8)の一般解は

(9) $\quad x(t) = r\cos(\omega t + \varphi_0), \quad y(t) = r\sin(\omega t + \varphi_0)$

で与えられる．ここで $r \geq 0$，φ_0 は任意である．ゆえに(8)は原点を中心とし，等角速度 ω で一般円軌道を動く点の運動を示す微分方程式である．

さらにこの応用として，質量 m，電荷 q の荷電粒子の一様磁場 $\vec{B}$ での運動を考える．この荷電粒子に働く力はローレンツ方程式

$$\vec{F} = q\vec{v} \times \vec{B}$$

で与えられる．$\vec{B} = B\vec{e_z}$ とすると，$\vec{F} = (qBv_y, -qBv_x, 0)$ で与えられるから，ニュートンの基礎方程式は

$$\begin{cases} m\dot{v}_x = qBv_y \\ m\dot{v}_y = -qBv_x \\ m\dot{v}_z = 0 \end{cases}$$

となる．(v_x, v_y) についての方程式は，$\omega = \dfrac{qB}{m}$ とおくと，(8)において ω を $-\omega$ と置き換えたものと同じである．ゆえに

$$v_x = r\cos(-\omega t + \varphi_0), \quad v_y = r\sin(-\omega t + \varphi_0)$$

である．これより，

(10) $\quad \begin{cases} x(t) = \rho\cos(-\omega t + \theta_0) + x_0 \\ y(t) = \rho\sin(-\omega t + \theta_0) + y_0 \quad \rho > 0 \\ z(t) = v_z t + z_0 \end{cases}$

ここで ρ, θ_0, v_z および (x_0, y_0, z_0) は任意定数である．これはらせん運動である．

II 惑星の軌道

惑星の軌道は求積法によって求められる．太陽，惑星をともに質点と見なし万有引力を仮定する．このときニュートンの運動方程式から，太

陽を原点にとれば，惑星は原点を通る不動のある定まった平面上を運動することがわかる．その平面を xy 平面にとり，惑星(質点)の座標を $(x(t), y(t))$ とかけば，つぎの運動方程式がえられる．

(11) $$m\ddot{x} = -\frac{m\mu_0 x}{r^3}, \quad m\ddot{y} = -\frac{m\mu_0 y}{r^3}$$

m は質点の質量，$\mu_0 (>0)$ は定数で，$r=(x^2+y^2)^{1/2}$ である．(11) を

(11)′ $$\ddot{x} + \frac{\mu_0 x}{r^3} = 0, \quad \ddot{y} + \frac{\mu_0 y}{r^3} = 0$$

とかく．(11) の第 1 式，第 2 式にそれぞれ $\dot{x}, \dot{y}$ を掛けて加えると，

(12) $$\frac{1}{2}(\dot{x}^2 + \dot{y}^2) - \mu_0 r^{-1} = E \quad (定数).$$

さらに，(11)′ の第 1 式，第 2 式に y, x を掛けて引き算を行なうと，

(13) $$x\dot{y} - y\dot{x} = h \quad (定数)$$

がなりたつことがわかる．t で微分してみればよい．(12), (13) は (11)′ をみたす任意の解 $(x(t), y(t))$ に対して成立する式であり，したがって (11)′ に対する積分である．

素朴な疑問は，(11) で表される引力があるにもかかわらず，どうして惑星は太陽に引き寄せられて衝突しないかということである．

ここではこの問題について考える．まず，$h \neq 0$ と仮定する．(13) より $\vec{v}(t) = (\dot{x}(t), \dot{y}(t))$ は 0 ではなく，動径方向と平行ではない．そこで極座標を導入し，軌道を $x(t) = r(t)\cos\varphi(t), y(t) = r(t)\sin\varphi(t)$ で表すと，(13) は

(14) $$r^2 \frac{d\varphi}{dt} = h$$

となる．ゆえに $\frac{d\varphi}{dt} \neq 0$ で，h と同符号になる．(12) は

$$\frac{1}{2}(\dot{r}^2 + r^2\dot{\varphi}^2) - \frac{\mu_0}{r} = E$$

とかけるが，(14)を用いると，

(15) $$\frac{1}{2}\dot{r}^2 + \frac{h^2}{2r^2} - \frac{\mu_0}{r} = E$$

となり，これより

(16) $$2E \geq \frac{h^2}{r^2} - 2\frac{\mu_0}{r}$$

をえる．これが疑問に答える．なぜなら，この不等式の右辺は $r(>0)$ を 0 に近づけるといくらでも大になり，成立しなくなるからである．くわしくいうとつぎのようになる．
$\frac{1}{r} = u$ とおくと(16)は

$$u^2 - 2u_0 u \leq \frac{2E}{h^2}, \quad u_0 = \frac{\mu_0}{h^2} \quad (>0)$$

と表されるが，これより

$$(u - u_0)^2 \leq \frac{2E}{h^2} + u_0^2$$

となり，

$$u - u_0 \leq \sqrt{\frac{2E}{h^2} + u_0^2}.$$

すなわち

$$r \geq \left(u_0 + \sqrt{\frac{2E}{h^2} + u_0^2}\right)^{-1}$$

がなりたつ．

　よく知られているように(微分方程式の一般論)，$t=0$ における位置 $(x(0), y(0))$ と速度 $(\dot{x}(0), \dot{y}(0))$ を指定すれば，(11)′の解は一意的に定まる．(11)′は $r=0$ で不連続である．しかし上記のことと，(12)を見れば速度は有界であるから，解は $-\infty < t < \infty$ で存在する．

　$h=0$ の場合(たとえば $\dot{x}(0), \dot{y}(0)$ がともに 0 の場合)は上記の結論は

否定的である．(13)より $\dot{x}:\dot{y}=x:y$ がなりたつが，$x(0)=r_0\cos\varphi_0$，$y(0)=r_0\sin\varphi_0$ とし，$x(t)=r(t)\cos\varphi_0$，$y(t)=r(t)\sin\varphi_0$ と想定して (11)′に代入すると，(11) は

(17) $$\ddot{r}+\mu_0 r^{-2}=0$$

と同等になる．これより，

(18) $$\frac{1}{2}\dot{r}^2-\mu_0 r^{-1}=E \quad (\text{定数})$$

がしたがう．この関係式は (15) において $h=0$ とおいた式である．また，

(19) $$E=\frac{1}{2}\dot{r}(0)^2-\mu_0 r(0)^{-1}$$

である．$1/r=u$, $\dot{r}=v$ とかけば，(18) は

$$u=(v^2-2E)/2\mu_0$$

となる．

　運動状態を見るために，エネルギーレベルを示す E をパラメータとして，等エネルギー曲線を図1に示しておく．矢印は点 $(u(t),\dot{r}(t))$ の t が増加したときに進む向きである．E の正, 0, 負に応じて状態が変わる．いずれの場合でも $\dot{r}(0)<0$ であれば，曲線の下半平面の点が対応し，有限時間で $u=\infty$ $(r=0)$ に達する．$E<0$ の場合には $\dot{r}(0)\geq 0$

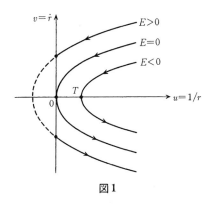

図1

であっても，上の結論になる．また $E \geq 0$ の場合に限り，$\dot{r}(0) > 0$ であれば $u = 0$ $(r = \infty)$ に到着する．到着に要する時間は ∞ である．なおこのことは地表からロケットを垂直に打ち上げたとき，それが重力圏から脱出できるための打ち上げ速度 v の条件を与える．太陽を地球に，惑星をロケットに置き換えての話である．具体的には $\dot{r}(0) = v$, $r(0) = R$ (地球の半径)として，(19)において条件 $E \geq 0$ を見ればよい．ゆえに条件は

(20) $$v \geq \sqrt{2\mu_0 R^{-1}}$$

で表される．

一言つけ加える．図の T に相当する状態では，$\dot{r}(0) = 0$ であり，(18)より $r(0) = r_0 = -\mu_0/E$ である．したがって $r(t) \equiv r_0$ (静止状態)は(18)の解である．しかしこれは(17)をみたさない．実際，$\ddot{r}(0) = -\mu_0 r_0^{-2} < 0$ であり，運動点はここで引き返して $u = \infty$ $(r = 0)$ に向かう．T は turning point(引き返し点)とよばれている．

上記の2つの場合 $(h \neq 0, = 0)$ の結果の相違は，(15)の左辺の第2項 $h^2/2r^2$ の存在に起因する．この項は回転運動に対する慣性項の役目をしているといえよう．

III ケプラーの法則

ニュートンは質点に関する一般運動方程式と万有引力の法則を提起し，これを用いて惑星の運動に関するケプラーの法則を数学的に演繹することに成功した．これまでにこの事実の一部分を述べたが，ここではややくわしく説明したい．

出発点は前と同様

である．太陽を原点とし，$(x(t), y(t))$ を惑星の軌道，$r = \sqrt{x^2 + y^2}$，$\mu_0 > 0$ とする．これより，以下のようにして，2 つの第 1 積分の存在がわかる．

(21)
$$\begin{cases} m\dfrac{d^2 x}{dt^2} = -m\mu_0 \dfrac{x}{r^3} \\ m\dfrac{d^2 y}{dt^2} = -m\mu_0 \dfrac{y}{r^3} \end{cases}$$

(22) $$\frac{1}{2}(\dot{x}^2 + \dot{y}^2) - \frac{\mu_0}{r} = E, \quad E \text{ は定数}$$

(23) $$x\dot{y} - y\dot{x} = h, \quad h \text{ は定数}.$$

(21) の第 1 式，第 2 式にそれぞれ $\dot{x}, \dot{y}$ を掛けて加えると，

$$m\left(\frac{d^2 x}{dt^2}\frac{dx}{dt} + \frac{d^2 y}{dt^2}\frac{dy}{dt} + \mu_0 \frac{x}{r^3}\frac{dx}{dt} + \mu_0 \frac{y}{r^3}\frac{dy}{dt}\right) = 0.$$

これより (22) が導かれる．合成関数の微分法則を想起されたい．(21) の第 2 式，第 1 式にそれぞれ $x, -y$ を掛けて加えると，

$$\frac{d^2 y}{dt^2} x - \frac{d^2 x}{dt^2} y = 0.$$

これより (23) が導かれる．

極座標
$$x = r\cos\varphi, \quad y = r\sin\varphi$$
を導入し，(22), (23) をかき表すと，(23) は

(24) $$r^2 \frac{d\varphi}{dt} = h,$$

(22) は

(25) $$\frac{1}{2}\left[\left(\frac{dr}{dt}\right)^2 + r^2\left(\frac{d\varphi}{dt}\right)^2\right] - \frac{\mu_0}{r} = E$$

となるが，(24) を代入して，

$$(26) \quad \frac{1}{2}\left[\left(\frac{dr}{dt}\right)^2+\frac{h^2}{r^2}\right]-\frac{\mu_0}{r}=E.$$

ここでは $h \neq 0$ と仮定する．一般性を失うことなく，以後 $h>0$ とする．なお E は全エネルギーとよばれている．また(24)は面積速度一定を表す．

従属変数 r を

$$(27) \quad u=\frac{1}{r}$$

によって u に変更する．さらに独立変数 t を φ に変更する．$\frac{d\varphi}{dt}=hr^{-2}=hu^2$ であるから，

$$\frac{dr}{dt}=\frac{d}{dt}\left(\frac{1}{u}\right)=-\frac{1}{u^2}\frac{du}{dt}=-\frac{1}{u^2}\frac{du}{d\varphi}\frac{d\varphi}{dt}=-h\frac{du}{d\varphi}$$

となる．ゆえに(26)は

$$h^2\left(\frac{du}{d\varphi}\right)^2+h^2u^2-2\mu_0 u=2E,$$

すなわち，

$$(28) \quad \left(\frac{du}{d\varphi}\right)^2+u^2-2u_0 u=\frac{2E}{h^2}, \quad u_0=\frac{\mu_0}{h^2} \quad (>0)$$

となる．

(28)より軌道の状態がわかる．ここで $u>0$ であることに注意しよう．$\frac{du}{d\varphi}=v$ とおくと，(28)は

$$(29) \quad v^2+u^2-2u_0 u=\frac{2E}{h^2}$$

となる．これは

$$(30) \quad \frac{2E}{h^2}+u_0^2 \geq 0$$

のもとで uv 平面の円の方程式である．ただし，等号がなりたつのは 1

点に退化する場合である．また実際に意味のあるのは $u>0$ の部分である．このために，(29)において $v=0$ とおいた場合

$$u^2 - 2u_0 u = \frac{2E}{h^2}$$

の根を求めると，2根は $u_0 \pm \sqrt{u_0^2 + \frac{2E}{h^2}}$．$E$ によって，3つの場合に軌道は分類される．

I. $-\frac{1}{2}h^2 u_0^2 \leq E < 0,$
II. $E = 0,$
III. $0 < E.$

$\sqrt{u_0^2 + \frac{2E}{h^2}} = u_R$ とおくと，(29)は

(31) $$(u - u_0)^2 + v^2 = u_R^2$$

となる．図2の矢印は t，したがって φ が増加したときの対応する軌道の点が動く向きを示す．$u>0$ であるから，I の場合だけが閉軌道であり，II, III の場合は $t \to \infty$ のとき $u \to 0$，すなわち $r \to \infty$ となる．

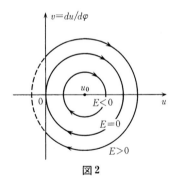

図2

I の場合，$u - u_0 = u_R \cos \theta$，$v = u_R \sin \theta$ とおく．$\frac{du}{d\varphi} = -u_R \sin \theta \cdot \frac{d\theta}{d\varphi}$．したがって $\frac{d\theta}{d\varphi} = -1$，$\theta = -\varphi + \varphi_0$．$\varphi_0$ は $\theta = 0$ のときの φ の値である．ゆえに，

$$u = u_0 + u_R \cos(-\varphi + \varphi_0).$$

$u_R < u_0$ であるから，$e = \dfrac{u_R}{u_0} < 1$ であり，軌道は楕円である．なお $u_R = 0$ のときは円になる．もとに戻ると，

$$\frac{1}{r} = u_0[1 + e\cos(-\varphi + \varphi_0)],$$

であり，もとの座標を回転させて考えると，

(32) $\qquad r = \dfrac{1}{u_0}\dfrac{1}{1 + e\cos\varphi}, \qquad u_0 = \dfrac{\mu_0}{h^2}$

となる．II, III の場合も同様である．II の場合は $e = 1$ で軌道は放物線となる：

$$r = \frac{1}{u_0}\frac{1}{1 + \cos\varphi}$$

III の場合は $e > 1$ で双曲線になる：

$$r = \frac{1}{u_0}\frac{1}{1 + e\cos\varphi}$$

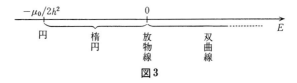

図3

最後にIの場合についてケプラーの第3法則を示す．その法則は，惑星の公転周期を τ とすると，τ はそれぞれの惑星の楕円軌道の半長径の $\dfrac{3}{2}$ 乗に比例することをいう．

まず(21)において，μ_0 は個々の惑星によらない恒数である(万有引力の法則)．つぎに(32)において，$\dfrac{1}{u_0}$ は楕円軌道の半通径であるから，楕円の半長径を a，半短径を b とすると，半通径 l は $l = \dfrac{b^2}{a}$ であるから，

$$\frac{1}{u_0} = l = \frac{b^2}{a}$$

である．他方(28)より $u_0 = \frac{\mu_0}{h^2}$ であるから，$\frac{h^2}{\mu_0} = \frac{b^2}{a}$ がなりたつ．ゆえに

$$h = \frac{\sqrt{\mu_0}}{\sqrt{a}} b.$$

他方，$\tau = \frac{2\pi ab}{h}$ がなりたつから（次章参照）

$$\tau = \sqrt{\frac{a}{\mu_0}} \frac{1}{b} \cdot 2\pi ab = \frac{2\pi}{\sqrt{\mu_0}} a^{3/2}$$

と表される．

14　万有引力の法則

Sir Isaac Newton(1642-1727)

ニュートンの業績のうち，ケプラーの 3 法則から万有引力の法則，すなわち距離の 2 乗に逆比例する引力の存在を導いた仕事に筆者は強い感銘を覚えている．このことは有名な『自然哲学の数学的原理』(略称，プリンキピア)：*Philosophia naturalis principia mathematica*(1687)の中で発表されたものであるが，現代流の 1 つの証明を紹介しておきたい．

　ケプラーが観測したデータを整理して得た 3 法則はつぎの通りである．

I．太陽と惑星とを結ぶ線分はひとしい時間にひとしい面積を画く（面積速度一定）．

II．惑星は太陽を 1 つの焦点とする楕円軌道を画く．

III．惑星の公転周期 τ はそれぞれの惑星の楕円軌道の半長径 a の $\frac{3}{2}$ 乗に比例する．

　軌道平面を xy 平面にとり，太陽をその原点にとる．惑星軌道の点 $M(t)$ の座標を $(x(t), y(t))$ で表す．面積速度一定は，

$$(1) \quad \begin{vmatrix} x(t) & y(t) \\ x'(t) & y'(t) \end{vmatrix} = h$$

と表される．このとき x 軸を楕円軌道の長軸と一致するように選ぶ．$M(t)$ の回る向きが正のときは $h>0$ であり，負のときは $h<0$ である．

　ニュートンの運動方程式を

$$(2) \quad \begin{cases} m\dfrac{d^2}{dt^2}x(t) = F_x(x, y) \\ m\dfrac{d^2}{dt^2}y(t) = F_y(x, y) \end{cases}$$

とおく．m は惑星の質量であり，$\vec{F}=(F_x, F_y)$ は $M(t)(=\vec{r}(t))$ に位置する惑星に太陽が作用する力（引力）である．(1)に m を掛け，t について微分すると，

$$0 = \begin{vmatrix} x(t) & y(t) \\ x''(t) & y''(t) \end{vmatrix} = \begin{vmatrix} x(t) & y(t) \\ F_x & F_y \end{vmatrix}.$$

これより $\vec{r}(t) /\!/ \vec{F}(x(t), y(t))$ がしたがう．ゆえに

(3) $\quad \vec{F}(\vec{r}) = f(\vec{r})\vec{r_0}, \quad \vec{r_0} = \vec{r}/r, \quad r = \sqrt{x(t)^2 + y(t)^2}$

と表される．$f(\vec{r})$ はスカラーである．ゆえに (2) は

(4) $\quad m\dfrac{d^2}{dt^2}\vec{r}(t) = f(\vec{r}(t))\vec{r_0}(t)$

となる．なお，このとき $\vec{F}$ は中心力とよばれている．以上の推論は，

$$(\text{面積速度一定}) \Longrightarrow (\text{中心力})$$

とまとめられる．以下の推論は単純とはいえないので，理解を容易にするために推論を段階に分ける．

(第1段階) 運動エネルギー

$$T = \frac{m}{2}\left\langle \frac{d}{dt}\vec{r}(t), \frac{d}{dt}\vec{r}(t) \right\rangle$$

を考える．以下一般に $\langle \vec{u}(t), \vec{v}(t) \rangle$ は $\vec{u}(t)$ と $\vec{v}(t)$ との内積を表す．したがって，一般に

$$\frac{d}{dt}\langle \vec{u}(t), \vec{v}(t) \rangle = \left\langle \frac{d}{dt}\vec{u}(t), \vec{v}(t) \right\rangle + \left\langle \vec{u}(t), \frac{d}{dt}\vec{v}(t) \right\rangle$$

がなりたつ．

軌道に沿って考えた，T の t についての導関数を考える．(4) を用いると，

$$\frac{d}{dt}T = m\left\langle \frac{d^2}{dt^2}\vec{r}(t), \frac{d}{dt}\vec{r}(t) \right\rangle = f(\vec{r}(t))\left\langle \vec{r_0}(t), \frac{d}{dt}(r(t)\vec{r_0}(t)) \right\rangle$$

より，

(5) $\quad \dfrac{dT}{dt} = f(\vec{r}(t))\dfrac{dr}{dt}$

をえる ($\langle \vec{r_0}(t), \vec{r_0}(t) \rangle = 1$ に注意する)．さらに，x 軸を始線とする極座標 $\vec{r} = (r(t)\cos\varphi(t), r(t)\sin\varphi(t))$ を用いると (図1参照)，

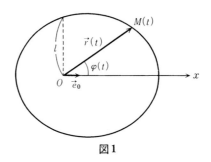

図1

$$T = \frac{m}{2}\left[\left(\frac{dr}{dt}\right)^2 + r^2\left(\frac{d\varphi}{dt}\right)^2\right]$$

と表され，(1)から導かれる関係式

(6) $$r^2\frac{d\varphi}{dt} = h$$

を用いると，$r^2\left(\dfrac{d\varphi}{dt}\right)^2 = \dfrac{h^2}{r^2}$ と表されるから，

(7) $$\frac{dT}{dt} = m\left(\frac{d^2r}{dt^2} - \frac{h^2}{r^3}\right)\frac{dr}{dt}$$

をえる．(5)と(7)とを比べると，軌道に沿って，$\dfrac{dr}{dt}=0$ となる点 t がたかだか孤立点ならば，

(8) $$f(\vec{r}) = m\left(\frac{d^2r}{dt^2} - \frac{h^2}{r^3}\right)$$

がなりたつ．

　(第2段階) $\vec{r}(t)$ が楕円軌道であることを用いる．軌道を極座標を用いて表すと(図1参照)，

(9) $$r(1 - e\cos\varphi) = l, \quad l = \frac{b^2}{a}.$$

原点 O を起点とする正の向きの x 軸の単位ベクトルを $\vec{e_0}$ とすると，$\cos\varphi = \langle \vec{r_0}, \vec{e_0}\rangle$ であり，かつ $r\vec{r_0} = \vec{r}$ であるから，上式(9)は

$$r - e\langle \vec{r}, \vec{e_0}\rangle = l$$

と表される．両辺に m を掛け，t について第 2 次導関数をとると，(4)を代入して，

$$(10) \qquad m\frac{d^2}{dt^2}r - ef(\vec{r})\cos\varphi = 0$$

をえる．ここで (8) を用いると，この式は

$$f(\vec{r}) + m\frac{h^2}{r^3} - ef(\vec{r})\cos\varphi = 0,$$

すなわち，

$$(1 - e\cos\varphi)f(\vec{r}) = -\frac{mh^2}{r^3}$$

となる．さらに (9) を用いると，これより

$$(11) \qquad f(\vec{r}(t)) = -\frac{mh^2}{l}\frac{1}{r(t)^2}$$

をえる．ゆえに引力が r^2 に逆比例することが導かれた．

(8) は条件つきでなりたつが，今の場合は (9) を用いれば，その条件をみたしていることがわかる．実際，(9) を t で微分すれば，

$$\frac{dr}{dt}(1 - e\cos\varphi) + re\sin\varphi \cdot \frac{d\varphi}{dt} = 0$$

となり，

$$\frac{dr}{dt} = \frac{re\sin\varphi}{1 - e\cos\varphi}\frac{d\varphi}{dt}$$

となるが，$\frac{d\varphi}{dt} \neq 0$ より，$\frac{dr}{dt} = 0$ となるのは，$\varphi = 0, \pi$ に限られるからである．

(第 3 段階) (11) は各惑星についてなりたつ関係式であるが，あらわれる定数 m, l, h は惑星によって異なる．ところが第 3 法則 $\tau \propto a^{3/2}$ より，$\frac{h^2}{l}$ が個々の惑星によらない恒数であることが導かれる．実際，まず楕円の面積が πab であることに着目すると，$h > 0$ のときは $\frac{d\varphi}{dt} > 0$

であるから，

$$h\tau = \int_0^\tau r^2 \frac{d\varphi}{dt} dt = \int_0^{2\pi} r^2 d\varphi = 2\pi ab$$

であり，$h<0$ のときは $\frac{d\varphi}{dt}<0$ であるから，$h\tau = \int_0^{-2\pi} r^2 d\varphi = -2\pi ab$ となる．これより $h = \pm \frac{2\pi ab}{\tau}$ と表される．ゆえに

$$\frac{h^2}{l} = \frac{4\pi^2 a^2 b^2}{\tau^2} \cdot \frac{a}{b^2} = \frac{4\pi^2 a^3}{\tau^2}$$

となる．この右辺を k_0 とおくと，ケプラーの第3法則により，k_0 は恒数である．結論として，

(12) $$f(\vec{r}(t)) = -mk_0 \frac{1}{r(t)^2}$$

をえる．さらにつけ加えるならば，万有引力の恒数を G，太陽の質量を M とすれば，$k_0 = GM$ である．

本章の執筆に際して，玉城嘉十郎『質点及剛体の力学』(内田老鶴圃，1926) §29 遊星運動，を参照した．

15 ディリクレ

Peter Gustav Lejeune Dirichlet (1805-1859)

ディリクレ(P. G. L. Dirichlet, 1805-59)の解析を端的にいうならば，つぎの主張であろう．

(1) $$\lim_{A \to \infty} \int_{-\infty}^{\infty} \frac{\sin A(x-\xi)}{x-\xi} f(\xi) d\xi = \pi f(x).$$

$f(x)$ については次の仮定をおく．

1) $f(\xi)$ は積分可能である：$\int_{-\infty}^{\infty} |f(\xi)| d\xi < \infty$,
2) 点 x で $f(\xi)$ はヘルダー連続性をもつ：ある K と $\sigma(>0)$ があって，条件

(2) $$|f(x+\xi) - f(x)| \leq K|\xi|^{\sigma}$$

が，$|\xi|$ が小であれば，たとえば $|\xi| \leq \delta$ であれば，なりたつ．σ はどんなに小さくてもよい．

(1)を示すために，つぎの補題を用いる．補題1の証明は第6章「コーシーⅡ」参照．

補題1

$$\int_0^{\infty} \frac{\sin x}{x} dx = \lim_{A \to \infty} \int_0^A \frac{\sin x}{x} dx = \frac{\pi}{2}.$$

補題2 $f(\xi)$ を積分可能とすると,

$$\lim_{A \to \infty} \int_{-\infty}^{\infty} f(\xi) \sin(A\xi) d\xi = 0$$

がなりたつ．なお $\sin A\xi$ を $\cos A\xi$ で置き換えてもこれは正しい．この補題はリーマン・ルベーグの定理とよばれている．

(1)の証明はつぎの通り．(1)の左辺の積分を $\xi - x = \xi'$ により変数変換し，ξ' をあらためて ξ とかく．さらに積分区間をつぎのように分ける．

$$\int_{-\delta}^{\delta} \frac{\sin A\xi}{\xi} f(x+\xi) d\xi + \int_{-\infty}^{-\delta} \frac{\sin A\xi}{\xi} f(x+\xi) d\xi + \int_{\delta}^{\infty} \frac{\sin A\xi}{\xi} f(x+\xi) d\xi.$$

第2，第3の積分区間では，$f(x+\xi)/\xi$ は積分区間では絶対値において

$|f(x+\xi)|\delta^{-1}$ より小であるから積分可能であり，補題2より，$A\to\infty$ のとき0に近づく．ついで第1項の積分を

(3) $\quad f(x)\int_{-\delta}^{\delta}\dfrac{\sin A\xi}{\xi}d\xi+\int_{-\delta}^{\delta}\sin A\xi\dfrac{f(x+\xi)-f(x)}{\xi}d\xi$

と分解すれば，第1項は $A\to\infty$ のとき，補題1により，$\pi f(x)$ に近づく（$A\xi$ を ξ' とおいて積分変数を変更して考えればよい）．第2項は，仮定2より，f に関する部分は絶対値において，$K|\xi|^{\sigma-1}$ より小であるから積分可能であり，補題2より $A\to\infty$ のとき0に近づく．ゆえに(1)が示された．

上の推論は $f(\xi)$ が $\xi=x$ で第1種の不連続点をもつ場合，すなわち $f(x+0), f(x-0)$ が存在する場合に拡張される．(2)をつぎのように修正すればよい．$\delta(>0)$ を小にとれば，$K, \sigma>0$ がとれ，$0<\xi\leq\delta$ に対して，

(4) $\qquad\qquad |f(x\pm\xi)-f(x\pm0)|\leq K\xi^{\sigma}\quad$（複号同順）

がなりたつ．実際このとき(3)をつぎのように修正すればよい．積分区間を $[-\delta,0], [0,\delta]$ に分ける．そしてたとえば $[0,\delta]$ の部分に対しては，

$$f(x+0)\int_0^{\delta}\dfrac{\sin A\xi}{\xi}d\xi+\int_0^{\delta}\sin A\xi\dfrac{f(x+\xi)-f(x+0)}{\xi}d\xi$$

と分解して考えればよい．したがって，(4)の仮定のもとで，(1)の右辺を $\pi\{f(x+0)+f(x-0)\}/2$ で置き換えれば(1)はなりたつ．

(1)がわかればフーリエの反転公式はただちに導かれる．実際

$$\int_{-A}^{A}e^{ix\xi}\Bigl(\int e^{-iy\xi}f(y)dy\Bigr)d\xi$$

は積分の順序交換により，

$$2\int_{-\infty}^{\infty}\dfrac{\sin A(x-y)}{x-y}f(y)dy$$

にひとしいからである．

フーリエ級数の $f(x)$ への収束も $f(x)$ に対する同一の仮定(2)あるいは(4)のもとで(1)から導かれる．$f(x)$ を周期 2π の積分可能関数とする．

(5) $\quad S_n(x) = \dfrac{1}{2}a_0 + \sum_{p=1}^{n} a_p \cos px + b_p \sin px$

$\qquad = \dfrac{1}{\pi}\displaystyle\int_a^{a+2\pi} f(\xi) \sin\left(n+\dfrac{1}{2}\right)(x-\xi)\Big/ 2\sin\dfrac{x-\xi}{2}\,d\xi$

$\qquad = \dfrac{1}{\pi}\displaystyle\int_a^{a+2\pi} \dfrac{\sin\left(n+\dfrac{1}{2}\right)(x-\xi)}{x-\xi}\left(\dfrac{x-\xi}{2\sin\dfrac{x-\xi}{2}}f(\xi)\right)d\xi$

となるから，(1)の形に帰着される．a は何でもよいので $a = x - \pi$ とおけばよい．

$(x-\xi)\Big/2\sin\dfrac{x-\xi}{2}$ は $\xi = x$ で1と定義すれば，積分範囲では ξ の無限回微分可能関数となる．

ディリクレの $f(x)$ に対する仮定は単調性に関するものであり，今日の有界変動の仮定の下での推論に含まれている．この場合にはアーベルの変換から導かれる積分の第2平均値定理が重要な役割をもつ．

上記のヘルダー連続性と有界変動性は一方が他方に含まれる関係にはない．ヘルダー連続性はかなり広いクラスである．

補題2は応用範囲の広い強力な武器であり上記の証明を簡単にした原因でもある．この補題は，リーマンあるいはそれを大きく拡張したルベーグの意味で積分可能な関数のもっている本質的な性質(積分の意味での連続性)

$$\int |f(x+h) - f(x)|\,dx \to 0 \quad (h \to 0)$$

を用いて示される．

ディリクレは青年時代パリに留学したが，その彼をフーリエが別格の門下生としてもてなしたといわれている．

フーリエ解析の基本は大切なので，説明をつけ加えよう．フーリエ級

数が $f(x)$ を表すというフーリェの主張は当時のフランスの学界に全面的に認められたものではなかったようである．(5)にあらわれる $S_n(x)$ の表現式はディリクレ積分とよばれている．$S_n(x)$ にあらわれる核ともいえる

$$\frac{\sin\left(n+\frac{1}{2}\right)(x-\xi)}{x-\xi} \quad \text{および} \quad \frac{x-\xi}{2\sin\dfrac{x-\xi}{2}}$$

は一見複雑な関数と思われるが，ξ の関数として導関数とともに連続である．のみならず何回でも微分可能である．すなわち積分範囲で C^∞ である．これはつぎのようにしてわかる．

本質的には，$I(x)=\dfrac{\sin x}{x}$ を考えればよい．まず微積分の基本公式より，$\sin x=\displaystyle\int_0^x \cos y\,dy$ とかけるが，$y=tx$ によって積分変数を t に変えると，$\dfrac{dy}{dt}=x$ であるから，$\sin x=x\displaystyle\int_0^1 \cos(tx)dt$．ゆえに

$$I(x)=\frac{\sin x}{x}=\int_0^1 \cos(tx)dt, \quad -\infty<x<\infty$$

とかける．$I(x)$ の導関数は，

$$I'(x)=\int_0^1 \frac{\partial}{\partial x}\cos(tx)dt=-\int_0^1 t\sin(tx)dt.$$

同様にして，

$$I''(x)=-\int_0^1 t^2 \cos(tx)dt, \quad \cdots$$

がなりたつ．

ついで，

$$\frac{x}{\sin x}=\frac{1}{I(x)}$$

は $-\pi<x<\pi$ で C^∞ 関数である．それは，$I(x)$ は考えている範囲では 0 にはならなくて，かつ C^∞ であるから，$\dfrac{1}{I(x)}$ もまた C^∞ である．

(5)に戻ろう．(5)において $\xi-x=\xi'$ とおくと，

$$S_n(x) = \frac{1}{\pi}\int_{-\pi}^{\pi}\frac{\sin\left(n+\frac{1}{2}\right)\xi'}{\xi'}\left(\frac{\xi'}{2\sin\frac{\xi'}{2}}f(x+\xi')\right)d\xi'$$

と表される．ここで ξ' をあらたに ξ とかいて考える．$f(\xi)$ が(2)あるいは(4)をみたしているとすると，

$$F(\xi) = \frac{\xi}{2\sin\frac{\xi}{2}}f(\xi)$$

もまた(2)あるいは(4)をみたすから，$n\to\infty$ のとき，$S_n(x)\to f(x)$，あるいはもっと一般に，$S_n(x)\to\frac{1}{2}(f(x+0)+f(x-0))$ がなりたつのである．

最後に有界変動関数とヘルダー連続関数との違いを例示しておく．$x=0$ の近傍で考える．

例1

$$f(x) = \begin{cases} x\sin\frac{1}{x}, & x\neq 0, \\ 0, & x=0. \end{cases}$$

これは $x=0$ でヘルダー連続である．しかし原点のいかなる近傍に x を制限しても有界変動ではない．

例2

$$f(x) = \begin{cases} \dfrac{1}{\log\frac{1}{x}}, & x>0, \\ 0, & x\leq 0 \end{cases}$$

は広義の単調増加関数であるが，$x=0$ でヘルダー連続ではない．理由は，もしヘルダー連続であるとすれば，ある $K, \alpha>0$ がとれて，$\delta(>0)$ が十分小であれば，

$$f(x) \leqq Kx^\alpha, \quad 0 < x < \delta$$

がなりたつことになる．すなわち，

$$\frac{1}{\log \frac{1}{x}} \leqq Kx^\alpha, \quad 0 < x < \delta.$$

ゆえに，$\dfrac{1}{x^\alpha \log \dfrac{1}{x}} \leqq K$ がなりたつ．$\dfrac{1}{x}=y$ とおけば，y が十分大であれば，$y^\alpha/\log y \leqq K$，すなわち $y^\alpha \leqq K \log y$ がなりたつことになり矛盾である．このことは，いいかえれば，$x>0$ での関数 $e^{-\frac{1}{x}}$ の逆関数が $f(x)$ であることからしたがう．

16 ストークスの定理

George Gabriel Stokes(1819-1903)

ストークス(G. G. Stokes, 1819-1903)の定理は平面の場合のガウス・グリーンの定理を3次元に拡張したものであるが，これは拡張というよりは飛躍といった方が適切で，素晴らしい基本定理である．この定理を発見的方法で説明する．

　3次元空間に向きをつけられた閉曲線 Γ と，Γ を境界とするなめらかな曲面 S が与えられている．S もまた Γ から定まる向きがつけられているとする．このことは，S の各点 P に連続的に変わる単位正法線 $\vec{n}(P)$ が指定されており，さらに Γ の走る向きを右から左に見るような配置になっている(図1)．このとき，$f(x, y, z)$ を S の近傍で，偏導関数とともに連続とすると，

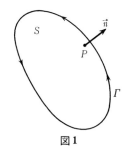

図1

$$(1) \qquad \int_\Gamma f(x, y, z) dz = -\iint_S \frac{\partial f}{\partial x} dzdx + \iint_S \frac{\partial f}{\partial y} dydz$$

がなりたつ．これが実質的意味でのストークスの定理である．(1)の右辺は第10章で説明した曲面積分である．(1)を主張する根拠はつぎの常識的な基本定理であろう．

　補題 $h(x, y)$ を偏導関数とともに連続とする．平面上の向きづけられた，点 A から点 B に至るなめらかな曲線を C とすると，

$$(2) \qquad h(B) - h(A) = \int_C h_x(x, y) dx + h_y(x, y) dy$$

がなりたつ．

16 ストークスの定理

さて，(1)の左辺は

$$\int_\Gamma f\,dz = \int_{-\infty}^{\infty}\{f(M_+',z)-f(M_-',z)\}dz$$

とかける．図2を見れば想像できるように，ここでは簡単のために Γ と平面 $z=z$ との切り口は2点 $(M_+',z),(M_-',z)$ からなり，M_+',M_-' は Γ が平面 $z=z$ をそれぞれ z が増加，減少の向きに横切るものとする．さらに平面と S との切り口は M_-' から M_+' に至る有向曲線 $C(z)$ からなると仮定する．補題より(1)の左辺は

(3) $$\int_{-\infty}^{\infty}\Bigl(\int_{C(z)}f_x dx + f_y dy\Bigr)dz$$

とかける．これが(1)の右辺にひとしいことは記号から推察されるが，以下これを確かめることにする．

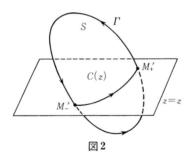

図2

まず第9章で説明したように

$$\int_{-\infty}^{\infty}\Bigl(\int_{C(z)}f_x dx\Bigr)dz = \int_{-\infty}^{\infty}\Bigl(\int\varphi(x,z)dx\Bigr)dz$$
$$= \iint\varphi(x,z)dxdz$$

とかける．ここで $\varphi(x,z)=\sum_i \varepsilon_i' f_x(M_i',z)$ であり，ε_i' は (x,z) を通り y 軸に平行な直線 l が $C(z)$ (したがって S) の点 M_i' を x が増加(減少)の方向に切るかによって，それぞれ $\varepsilon_i'=1\,(=-1)$ とする(図3参照)．

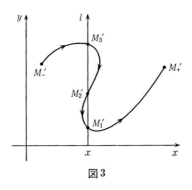

図3

他方，第10章で説明したように，
$$\iint_S f_x dzdx = \iint \Phi(x,z) dzdx,$$
$$\Phi(x,z) = \sum_i \varepsilon_i f_x(M_i', z)$$

である．ここで，(M_i', z) は点 (x, z) を通り y 軸に平行，かつ y 軸と同じ向きの直線 l が S を切る点であり，l が曲面 S を裏から表(表から裏)に貫くかによって $\varepsilon_i = 1 (= -1)$ とする．図2から読みとれるように，$C(z)$ の向きに沿って右側が S の表側の面に対応している．ゆえに図3を参照して

(4) $$\varepsilon_i' = -\varepsilon_i$$

がなりたつことがわかる．ゆえに $\varphi(x,z) = -\Phi(x,z)$ がなりたつ．これより

(5) $$\int \left(\int_{C(z)} f_x dx \right) dz = -\iint_S f_x dzdx.$$

同様な考察によって

(6) $$\int \left(\int_{C(z)} f_y dy \right) dz = \iint_S f_y dydz$$

が示される．この場合は(4)は $\varepsilon_i' = \varepsilon_i$ となるからである．ゆえに(1)が示された．

疑問が残る．(5)の曲面積分において，どうして $dxdz$ としないかという理由である．その事情はつぎの通り．$dzdx$ とするのは zx 平面（= xz 平面）の向きの指定を，z 軸を $\pi/2$ だけ正の向き（反時計向き）に回転すれば向きも含めて x 軸に一致するような平面の向き（表，裏）を正の面と指定することを意味する．いいかえれば y 軸が zx 平面の正の法線方向と一致することを意味する．なお，この規約によって

$$\iint_S f_x dxdz = -\iint_S f_x dzdx$$

となる．その理由は，平面の向きが逆転する結果，$\Phi(x, z)$ が $-\Phi(x, z)$ になるからである．したがって(1)は

(1)′ $$\int_\Gamma f\,dz = \iint_S f_x dxdz + \iint_S f_y dydz$$

と同等になる．ストークスの定理は

$$\int_\Gamma P\,dx + Q\,dx + R\,dz$$
$$= \iint_S \left(\frac{\partial R}{\partial y} - \frac{\partial Q}{\partial z}\right)dydz + \left(\frac{\partial P}{\partial z} - \frac{\partial R}{\partial x}\right)dzdx + \left(\frac{\partial Q}{\partial x} - \frac{\partial P}{\partial y}\right)dxdy$$
$$= \iint_S \operatorname{rot} \vec{A}\cdot\vec{n}\,dS$$

とかかれる．ここで $\vec{A}=(P, Q, R)$ であり，$\vec{n}$ は S の単位正法線である．

$$\operatorname{rot}\vec{A} = \operatorname{rot}(P, Q, R) = \left(\frac{\partial R}{\partial y} - \frac{\partial Q}{\partial z}, \frac{\partial P}{\partial z} - \frac{\partial R}{\partial x}, \frac{\partial Q}{\partial x} - \frac{\partial P}{\partial y}\right)$$

である．$\operatorname{rot}\vec{A}$ は $\vec{A}$ の回転(rotation)とよばれている．

念のために補題の証明をのべておく．曲線 C を $x=x(t), y=y(t), 0\leq t\leq 1$ とする．

$$h(B)-h(A) = h(x(t), y(t))\Big|_{t=0}^{t=1},$$

微積分の基本公式より，

$$= \int_0^1 \frac{d}{dt} h(x(t), y(t)) dt = \int_0^1 \left\{ h_x \frac{dx}{dt} + h_y \frac{dy}{dt} \right\} dt$$
$$= \int_C h_x dx + h_y dy$$

となる．

17　微妙な問題

3次元空間におけるポテンシャル関数

(1) $$U(x) = \int \mu(\xi)|x-\xi|^{-1}d\xi$$

に対して，積分記号下の微分

(2) $$\frac{\partial}{\partial x_i}U(x) = \int \mu(\xi)\frac{\partial}{\partial x_i}|x-\xi|^{-1}d\xi$$

がなりたつことを示す推論(考察)のパターンを1つ示し，その微妙さを明らかにしたい．

$\mu(\xi)$ は有界，すなわち $|\mu(\xi)| \leq M$ で，全空間で積分可能とする．連続性は仮定しない．

このさいつぎの定理は有力である．第12章の定理1に続くものである．

定理2(極限関数の微分可能性)　導関数とともに連続な関数列 $\{f_n(x)\}$ が区間 $I=[a,b]$ の1点 c で収束し，かつその導関数列 $\{f_n'(x)\}$ が I で一様収束するとする．このとき $f_n(x)$ は区間 I で一様収束であり，その極限関数を $f(x)$ とおく．$f'(x)$ が存在し，連続で，

$$f'(x) = \lim_{n\to\infty} f_n'(x)$$

で与えられる．

もとの問題に戻る．$U(x)$ の x_1 についての偏導関数の定義に戻ると，

$$\frac{U(x_1+h, x_2, x_3) - U(x_1, x_2, x_3)}{h}$$
$$= \int \mu(\xi)\frac{1}{h}(|x+h-\xi|^{-1} - |x-\xi|^{-1})d\xi$$

の $h\to 0$ の極限を考えることになる．$\xi(\neq x)$ を固定し $h\to 0$ とすると，被積分関数は

$$\mu(\xi)\frac{\partial}{\partial x_1}|x-\xi|^{-1}$$

に近づく．問題はその近づき方である．ξ が x の近くにあればあるほど，その近づき方は遅い．(2)を示すのに適用できそうな有力な一般定理はルベーグによるつぎの定理であろう．

定理

$$F(x) = \int f(x,\xi)d\xi$$

とおく．パラメータ x は区間 $[a,b]$ の点であり，ξ は何次元でもよい（今の場合は3次元空間全域とする）．もちろん，x を固定するごとに $f(x,\xi)$ は ξ について積分可能とする．つぎの条件がみたされているとする．

i) ξ を固定するごとに $f(x,\xi)$ は x の関数として，区間 $[a,b]$ で，$\frac{\partial f}{\partial x}(x,\xi)$ とともに連続である．

ii) ある積分可能関数 $\Phi(\xi)$ があって，

(3) $$\left|\frac{\partial f}{\partial x}(x,\xi)\right| \leq \Phi(\xi), \quad x \in [a,b]$$

がなりたつ．このとき

(4) $$F'(x) = \int \frac{\partial f}{\partial x}(x,\xi)d\xi$$

がなりたつ．なお i), ii) は測度 0 の ξ の集合を除いて成立すればよい．

偏導関数は多変数関数を1変数化して，その導関数を考えたものであり，上の定理からつぎの結果をえる．

1) $U(x)$ を定義する(1)において，x^0 を中心とするあるボール $|\xi-x^0|\leq\delta$ で $\mu(\xi)\equiv 0$ であれば，$U(x)$ の偏導関数は $|x-x^0|<\delta$ をみたす範囲の x について存在して(2)がなりたつ．理由は $|x-x^0|\leq\delta'(<\delta)$ の範囲の x に対して，$\mu(\xi)\frac{\partial}{\partial x_i}|x-\xi|^{-1}$ は絶対値において，$|\mu(\xi)|\times$

$(\delta-\delta')^{-2}$ を超えない．これを $\Phi(\xi)$ ととればよい．なおこのとき $U(x)$ は何回でも微分可能で，とくに

(5) $$\Delta U(x) = 0$$

がなりたつ．これがラプラスの定理である．

2) x^0 の近くで $\mu(\xi) \neq 0$ の場合は(3)をみたす積分可能な $\Phi(\xi)$ はとれない．理由はつぎの通り．x^0 を内部に含む x_1 軸に平行な線分 $[A, A']$ を考えるとき，

$$\max_{x \in [A, A']} |x_1 - \xi_1||x - \xi|^{-3}$$

は，$\delta(\xi)$ を ξ から $[A, A']$ への距離とすると，$\delta(\xi)^{-2}$ のオーダーになり積分可能ではない．

ところが上記1)の結果と定理2とを組み合わせれば，(2)が示されるのである．以下にそれを示す．図1のように線分 AA' を左右に若干延長し，これを軸とする半径 λ の円柱を C とする．軸の長さを l とする．

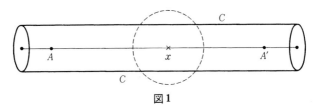

図1

積分範囲を全空間から C だけ除いた $U(x)$ を $U_C(x)$ とかく．1)より

$$\frac{\partial}{\partial x_1} U_C(x) = \int_{R^3 - C} \mu(\xi) \frac{\partial}{\partial x_1} |x - \xi|^{-1} d\xi, \quad x \in [A, A']$$

がなりたつ．C の半径 λ を0に近づければ $U_C(x)$ は $U(x)$ に近づく．ゆえに定理2を適用するには，$\lambda \to 0$ のとき，$\frac{\partial}{\partial x_1} U_C(x)$ が(2)で定義される $V(x)$ に $x \in [A, A']$ で一様収束することを示せばよい．

$$V(x) - \frac{\partial}{\partial x_1} U_C(x) = \int_C \mu(\xi) \frac{\partial}{\partial x_1} |x - \xi|^{-1} d\xi$$

である．$|\mu(\xi)|\leq M$ とすると，右辺は絶対値において，$M\int_C|x-\xi|^{-2}d\xi$ より小である．この量を見積ると，$x\in[A, A']$ とし，x を中心とし半径 ρ の球面の内部でのこの量は $4\pi M\rho$ 以下であり，C の残りの部分からの寄与は，$|x-\xi|\geq\rho$ であるから，Mv/ρ^2 以下である．v は円柱 C の体積である．したがって $v=\pi\lambda^2 l$．まとめると，

$$M\int_C|x-\xi|^{-2}d\xi \leq 4\pi M\rho+\pi Ml\lambda^2/\rho^2$$

が $x\in[A, A']$ でなりたつ．とくに $\rho=\sqrt{\lambda}$ とおけば，右辺は $\lambda\to 0$ のとき 0 に近づく．

18　ポアソン1

Siméon Denis Poisson(1781-1840)

ポアソン(S. D. Poisson, 1781-1840)はラグランジュ，ラプラス，コーシーらとほとんど同時代に活躍したフランスの数学者である．彼の仕事は公式とよばれているものが多く，結果は簡潔で具体的であり，以降の発展の出発点として親しまれている．今回はその中でも基本的なものを紹介する．以下の定理は，数学ではもちろんのこと，電磁気学においても，ガウス・グリーン，ストークスの定理とならんで重要である．

ポアソンの定理 3次元空間で

$$(1) \qquad U(x) = \int \mu(\xi)|x-\xi|^{-1}d\xi$$

を考える．$\mu(\xi)$ は有界で，全空間で積分可能とする．点 x_0 の近傍で $\mu(\xi)$ が第1次偏導関数とともに連続であれば，$x=x_0$ で

$$(2) \qquad \Delta U(x) = -4\pi\mu(x)$$

がなりたつ．

$U(x)$ は第2次偏導関数まで含めて x_0 の近傍で連続であるが，すぐにはわからない．それは(1)において $U(x)$ の第2次偏導関数は，もはや $|x-\xi|^{-1}$ の積分記号下の偏微分ではえられないからである．(2)の証明に際して，つぎの分解をまず考える．x_0 の近傍 $|\xi-x_0|\leq \delta$ で $\mu(\xi)$ は第1次導関数とともに連続であるとする．

$\zeta(\xi)$ を $|\xi-x_0|\leq \delta/2$ で1，$|\xi-x_0|\geq \delta$ では0の値をとるなめらかな関数とし，

$$U(x) = \int \zeta(\xi)\mu(\xi)|x-\xi|^{-1}d\xi + \int (1-\zeta(\xi))\mu(\xi)|x-\xi|^{-1}d\xi$$
$$= U_1(x) + U_2(x)$$

と分解する(局所化)．前章で説明したように，$\Delta U_2(x)=0$ が $|x-x_0|<\delta/2$ でなりたつ．ゆえに $\Delta U_1(x)=-4\pi\zeta(x)\mu(x)$ が示されればよい．それゆえ定理の仮定を変更して，$\mu(\xi)$ は第1次偏導関数とともに連続で，$|\xi|\geq R$ で恒等的に0であるとして定理を証明すればよい．

まず，証明は後で示すが，

(3) $$\frac{\partial}{\partial x_i}U(x) = \int \frac{\partial}{\partial \xi_i}\mu(\xi)\cdot|x-\xi|^{-1}d\xi$$

がなりたつ．さらに前章で示されたことを用いて，

(4) $$\frac{\partial^2}{\partial x_i^2}U(x) = \int \frac{\partial}{\partial \xi_i}\mu(\xi)\frac{\partial}{\partial x_i}|x-\xi|^{-1}d\xi$$

がなりたつ．

$$\frac{\partial}{\partial x_i}|x-\xi|^{-1} = -\frac{\partial}{\partial \xi_i}|x-\xi|^{-1}$$

を用いて，

(5) $$\frac{\partial^2}{\partial x_i^2}U(x) = -\int \frac{\partial}{\partial \xi_i}\mu(\xi)\frac{\partial}{\partial \xi_i}|x-\xi|^{-1}d\xi$$

をえる．これより，

(6) $$\Delta U(x) = -\lim_{\varepsilon \to 0}\int_{\Omega-B_\varepsilon}\sum_{i=1}^{3}\frac{\partial}{\partial \xi_i}|x-\xi|^{-1}\frac{\partial}{\partial \xi_i}\mu(\xi)d\xi$$

をえる．B_ε は x を中心，半径 ε のボール $|\xi-x|\leq\varepsilon$ である．曲面 S を $S=S_R+S_\varepsilon$ とする（図1参照）．S_R は，$\Omega(=|\xi|\leq R)$ の境界，S_ε は B_ε の表面である．

$\Omega_\varepsilon(=\Omega-B_\varepsilon)$ で $\Delta_\xi|x-\xi|^{-1}=0$ であること，S_R 上で $\mu(\xi)=0$ を考慮して部分積分を行なうと（グリーンの公式），

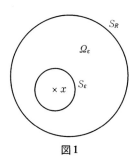

図1

$$\Delta U(x) = \lim_{\varepsilon \to 0} \int_{S_\varepsilon} \mu(\xi) \Big[\frac{\partial}{\partial \xi_1} |x-\xi|^{-1} d\xi_2 d\xi_3$$
$$+ \frac{\partial}{\partial \xi_2} |x-\xi|^{-1} d\xi_3 d\xi_1 + \frac{\partial}{\partial \xi_3} |x-\xi|^{-1} d\xi_1 d\xi_2 \Big].$$

ただし，この場合は S_ε の外側を正の面ととる．[ ]は，
$$-((\xi_1-x_1)d\xi_2 d\xi_3 + (\xi_2-x_2)d\xi_3 d\xi_1 + (\xi_3-x_3)d\xi_1 d\xi_2)|x-\xi|^{-3}$$
$$= -dS/|x-\xi|^2 = -dS/\varepsilon^2$$
となる．ゆえに

$$\Delta U(x) = \lim_{\varepsilon \to 0} -\frac{1}{\varepsilon^2} \int_{S_\varepsilon} \mu(\xi) dS = -4\pi \mu(x).$$

(3)の証明はつぎの通り．

$$U(x) = \int \mu(x+\xi) |\xi|^{-1} d\xi$$

と変形し，前章で述べたルベーグの定理を適用する．x を1つの有界集合に制限すれば，$\mu(x+\xi)$ はある R' をとれば，$|\xi| \geq R'$ で $\mu(x+\xi)=0$ である．ゆえに

$$\Phi(\xi) = \max_{|\xi| \leq R'} \left| \frac{\partial}{\partial \xi_i} \mu(\xi) \right|, \quad |\xi| \leq R',$$

$\Phi(\xi)=0, |\xi| \geq R'$ ととればよい．ゆえに

$$\frac{\partial U(x)}{\partial x_i} = \int \frac{\partial}{\partial x_i} \mu(x+\xi) \cdot |\xi|^{-1} d\xi$$
$$= \int \frac{\partial}{\partial \xi_i} \mu(\xi) \cdot |x-\xi|^{-1} d\xi$$

をえる．なお，(4)をえた段階で $U(x)$ は第2次偏導関数の連続性がわかったので，第10章「ガウスII」で述べたように，ガウスの法則を用いれば，ポアソンの定理がえられる．ポアソンの定理は $\mu(\xi)$ がヘルダー連続でありさえすれば成立する．それには少しくわしい考察がいる．

第 11 章で，超関数の意味で

$$(7) \qquad \Delta\left(\frac{1}{r}\right) = -4\pi\delta(x)$$

がなりたつことを示し，これより，$\mu(\xi)$ が有界かつ積分可能であれば，超関数の意味で(2)がなりたつといった．そのことを説明したい．字義通りいえば，(7)は $\mu(\xi)$ が無限回微分可能で，かつ $\mu(\xi)\neq 0$ である ξ の集合が3次元空間の有界集合である場合に(2)がなりたつことを主張しているに過ぎない．なおこのような性質をもつ関数をシュワルツの記号にしたがって $\mu(\xi) \in \mathcal{D}$ とかく．ところで，$n\to\infty$ のとき，$\mu_n(\xi)\in\mathcal{D}$

$$(8) \qquad \int |\mu_n(\xi)-\mu(\xi)|d\xi \to 0$$

をみたすものがとれる．このとき，$\mu_n(\xi)$ に対応する $U(x)$ を $U_n(x)$ とかくと，x を有界な範囲に限定する限り，一様収束の意味で $U_n(x)\to U(x)$ $(n\to\infty)$ がなりたつ．ゆえに「超関数列の収束」の意味で，$\Delta U_n(x)\to \Delta U(x)$ $(n\to\infty)$ がなりたつ．一方 $\Delta U_n(x)=-4\pi\mu_n(x)$ は(7)によって保証されており，他方，(8)より $\mu_n(x)\to\mu(x)$ $(n\to\infty)$ はもちろん超関数の意味の収束になっているから，極限の一意性より，超関数の意味で，$\Delta U(x)=-4\pi\mu(x)$ がなりたつ．超関数については，最後の章を参考にされたい．

19　波動方程式とラプラス変換

Jean le Rond d'Alembert (1717-1783)

波動方程式の解を求める方法を空間 1 次元に限って解説する．波とは何か，数学的に明快な定義はない．粗くいえば，空間のある場所で起こった変動が若干の規則性を保ちながら，有限の速さで伝わってゆく現象をいうのであろう．

空間 1 次元の波動方程式は，

$$(1) \qquad \Box u \equiv \frac{\partial^2}{\partial t^2}u(x,t) - v^2\frac{\partial^2}{\partial x^2}u(x,t) = 0, \qquad v > 0$$

をさす．まず簡単のために，$-\infty < x < \infty$ とする．t は時刻を意味する．$t=0$ の状態を

$$(2) \qquad u(x, 0) = u_0(x), \qquad \frac{\partial}{\partial t}u(x, 0) = u_1(x)$$

の形で指定する．このときの解はダランベール(J. le R. d'Alembert, 1717-1785)によって初めて示された．(1)の記号 $\Box$ は彼の名をとって，ダランベルシアンとよばれている．彼の結果は(1), (2)の解が

$$(3) \qquad u(x, t) = \frac{1}{2}(u_0(x-vt) + u_0(x+vt)) + \frac{1}{2v}\int_{x-vt}^{x+vt} u_1(\xi)d\xi$$

で表されることを主張するものである．(2)を初期条件という．

この式の導き方は単純明快である．まず f (波形)が何であっても
$$u(x, t) = f(x-vt)$$
は(1)の解である．この解は，$t=0$ のとき $f(x)$ を表すグラフ(フィルムの 1 枚と考えてよい)を速さ v で右の方向(正の向き)に平行移動してできる関数の族からなり，正の向きの進行波という．同様にして負の向きの進行波 $g(x+vt)$ も(1)の解である．ゆえに
$$u(x, t) = f(x-vt) + g(x+vt)$$
とおいて，f, g が初期条件をみたすように決定されることを示せばよく，ほとんど自明な方法で(3)に到着する．なお現代的な立場に立てば，u_0, u_1 が $Y(x)$, $\delta(x)$ など，さらに一般の超関数の範囲に拡大しても(3)は

なりたつ．また，ここでは示さないが，そのようにしても解は一意的である．すなわち(3)で表される解以外の解はない．

さらに

(4) $$\Box u(x, t) = f(x, t)$$

の解は，

(5) $$u(x, t) = \frac{1}{2v}\int_0^t\left(\int_{-v\tau}^{v\tau} f(x-\xi, t-\tau)d\xi\right)d\tau$$

で表される．ただし $f(x, t)$ は $t<0$ で 0 で，$u(x, t)$ の初期条件は $t=0$ で 0 とする．この表現式はデュアメル(M. J. Laurent-Duhamel, 1797-1872)の原理を適用してえられる．

以後は上記の考察とは独立に，ラプラス変換を用いて考察する．内容の平易さに比べて推論は微妙である．つぎの事実を用いる．

(6) $$\begin{cases}\delta(t-c) \sqsupset e^{-cp}, & c \geqq 0 \\ Y(t-c) \sqsupset \dfrac{1}{p}e^{-cp}, & c \geqq 0, \quad \mathrm{Re}\, p > 0\end{cases}$$

第1の関係式は，$\int_0^\infty e^{-pt}\delta(t-c)dt = e^{-cp}$，より明らかである．第2の関係式は，

$$\int_0^\infty e^{-pt}Y(t-c)dt = \int_c^\infty e^{-pt}dt = -\frac{1}{p}[e^{-pt}]_c^\infty = \frac{1}{p}e^{-cp}$$

よりしたがう．

(1)の素解 $E(x, t)$, $t>0$, はつぎの条件をみたすものである．

(7) $$\Box E = 0, \quad \lim_{t\to 0} E(x, t) = 0, \quad \lim_{t\to 0}\frac{\partial}{\partial t}E(x, t) = \delta(x).$$

$E(x, t)$ の t に関するラプラス変換 $\hat{E}(x, p)$ は，

(8) $$\left(p^2 - v^2\frac{\partial^2}{\partial x^2}\right)\hat{E}(x, p) = \delta(x)$$

の解である．これを見るにはつぎのようにすればよい．部分積分を用い

る．

$$\int_0^\infty e^{-pt} \frac{\partial^2}{\partial t^2} E(x,t) dt$$
$$= e^{-pt} \frac{\partial}{\partial t} E(x,t) \Big|_{t=0}^{t=\infty} + p \int_0^\infty e^{-pt} \frac{\partial}{\partial t} E(x,t) dt$$
$$= -\delta(x) + p e^{-pt} E(x,t) \Big|_{t=0}^{t=\infty} + p^2 \int_0^\infty e^{-pt} E(x,t) dt$$
$$= -\delta(x) + p^2 \hat{E}(x,p).$$

(8)は p をパラメータとみたとき，変数 x についての常微分方程式である．まず $x \neq 0$ でみると，$x<0$ では右辺は 0，$x>0$ でも同様である．p の実部が大きいところで $\hat{E}(x,p)$ はたかだか $|p|$ の多項式オーダの増大度である必要性から，$x>0$ では $C_+(p) e^{-kx}$，$k = \frac{p}{v}$，であり，$x<0$ では $C_-(p) e^{kx}$ の形をとる．ここで $C_\pm(p)$ は p のみによる定数である．ゆえに，

(9) $\quad \hat{E}(x,p) = C_-(p) Y(-x) e^{kx} + C_+(p) Y(x) e^{-kx}, \quad k = \frac{p}{v}$

の形をとる．$C_\pm(p)$ はつぎのようにしてきまる．後にのべる，第 27 章「超関数」で示すように，一般に関数 $f(x)$ が $f'(x)$ とともになめらかで，$x=c$ で第 1 種の不連続点をもつときには，$f(x)$ の超関数の意味の第 2 次導関数は，

$$f''(x) = \{f''(x)\} + [f'(c+0) - f'(c-0)] \delta(x-c)$$
$$+ [f(c+0) - f(c-0)] \delta'(x-c),$$

がなりたつ．ここで $\{f''(x)\}$ は今までの意味の導関数である．

上の公式を $\hat{E}(x,p)$ に適用する．(8)の右辺は $\delta'(x)$ の項を含まないから，

$$\hat{E}(+0, p) - \hat{E}(-0, p) = 0$$

がなりたつことが必要である．すなわち $\hat{E}(x,p)$ は x の連続関数であ

19 波動方程式とラプラス変換

る．ゆえに(9)において，$C_-(p)=C_+(p)=C(p)$ がなりたつ．さらに $f(x)=\hat{E}(x,p)$ として(8)をみれば，両辺の $\delta(x)$ の係数をくらべて，

$$-v^2 C(p)\left((e^{-kx})'\big|_{x=0} - (e^{kx})'\big|_{x=0}\right) = 1.$$

これより $C(p)=\dfrac{1}{2vp}$. (6)を参照すれば，

$$\begin{aligned}E(x,t) &= (2v)^{-1}(Y(-x)Y(t+v^{-1}x)+Y(x)Y(t-v^{-1}x))\\ &= (2v)^{-1}Y(vt+x)Y(vt-x).\end{aligned}$$

これより，

$$E(x,t) = \begin{cases} \dfrac{1}{2v}, & x \in [-vt, vt],\\ 0, & x \notin [-vt, vt]. \end{cases}$$

ゆえにデュアメルの原理より(5)をえる．すなわち

$$\begin{aligned}u(x,t) &= \frac{1}{2v}\int_0^t E(x,\tau) \underset{(x)}{*} f(x,t-\tau)d\tau \\ &= \frac{1}{2v}\int_0^t \left(\int_{-v\tau}^{v\tau} f(x-\xi, t-\tau)d\xi\right)d\tau, \quad t \geq 0.\end{aligned}$$

なおこれは

$$u(x,t) = \frac{1}{2v}\iint_{D(x,t)} f(\xi, \tau)d\xi d\tau$$

で表されることを注意しよう(図1参照)．ここで $D(x,t)$ は $\triangle PAB$ を

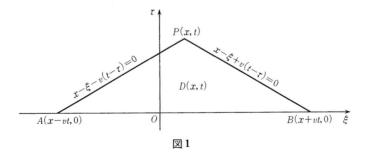

図1

さす．PA, PB はともに傾き $\frac{1}{v}$ の直線である．

もう1つ例を挙げる．伝送線の基礎方程式

$$\text{(10)} \quad \begin{cases} L\dfrac{\partial}{\partial t}I + \dfrac{\partial}{\partial x}V = 0, \\ C\dfrac{\partial}{\partial t}V + \dfrac{\partial}{\partial x}I = 0 \end{cases} \quad x \geq 0$$

につぎの境界条件をつけて考える．ここで L, C はともに正の定数である．

 i) $I(0, t) = f(t)$
 ii) (前進波条件) $I(x, t), V(x, t)$ は $t<0$ で 0．ただし $f(t)$ は $t<0$ で 0 であるとする．

$I(x, t), V(x, t)$ はともに $t \leq 0$ で 0 であることを考慮して，t についてのラプラス変換を $\hat{I}(x, p), \hat{V}(x, p)$ とかくと，

$$\text{(11)} \quad \begin{bmatrix} Lp & \dfrac{\partial}{\partial x} \\ \dfrac{\partial}{\partial x} & Cp \end{bmatrix} \begin{bmatrix} \hat{I} \\ \hat{V} \end{bmatrix} = 0$$

をえる．これは連立常微分方程式であるから，

$$\hat{I} = \exp(-\sqrt{LC}\,px)\hat{f}(p), \quad \hat{V} = \sqrt{1/C}\,\hat{I}$$

となる．ゆえに

$$\text{(12)} \quad \begin{cases} I = \delta(t-\sqrt{LC}\,x) \underset{(t)}{*} f(t) = f(t-\sqrt{LC}\,x), \\ V = \sqrt{L/C}\,I = \sqrt{L/C}\,f(t-\sqrt{LC}\,x) \end{cases}$$

となる．

上記の推論を少しくわしく説明しておく．(11)を見よう．解を

$$\begin{bmatrix} \hat{I}(x, p) \\ \hat{V}(x, p) \end{bmatrix} = \exp(sx) \begin{bmatrix} k_1 \\ k_2 \end{bmatrix}$$

とおく．s, k_1, k_2 はともに定数であり，かつ $\begin{bmatrix} k_1 \\ k_2 \end{bmatrix} \neq 0$ とする．この関係式を (11) に代入すると，$e^{sx} \neq 0$ を考慮して，

$$\begin{bmatrix} Lp & s \\ s & Cp \end{bmatrix} \begin{bmatrix} k_1 \\ k_2 \end{bmatrix} = 0$$

となる．これより s は，$\begin{vmatrix} Lp & s \\ s & Cp \end{vmatrix} = LCp^2 - s^2 = 0$ の根であることが必要十分であることがわかる．$s = s_+, s_-$，$s_\pm = \pm\sqrt{LC}\,p$（複号同順）であり，さらに $k_1 : k_2 = s : -Lp$ である．これより一般解は，

$$C_1 \exp(-\sqrt{LC}\,px) \begin{bmatrix} s_- \\ -Lp \end{bmatrix} + C_2 \exp(\sqrt{LC}\,px) \begin{bmatrix} s_+ \\ -Lp \end{bmatrix}, \quad x \geq 0$$

である．ところで，$\hat{I}, \hat{V}$ は p の関数とみたとき，$x \geq 0$ で $\operatorname{Re} p$ が十分大のとき絶対値において，たかだか $|p|$ の多項式でおさえられることが必要である（ラプラス変換像の一般的性質）．ゆえに $C_2 = 0$ が必要である．ついで $x = 0$ で $\hat{I}(x, p) = \hat{f}(p)$ であるから，

(13) $$\begin{bmatrix} \hat{I}(x, p) \\ \hat{V}(x, p) \end{bmatrix} = \exp(-\sqrt{LC}\,px)\hat{f}(p) \begin{bmatrix} 1 \\ \sqrt{L/C} \end{bmatrix}$$

が題意に適する．ここで (6) を考慮してラプラスの逆変換をとると，

$$\begin{bmatrix} I(x, t) \\ V(x, t) \end{bmatrix} = \delta(t - \sqrt{LC}\,x) \underset{(t)}{*} f(t) \begin{bmatrix} 1 \\ \sqrt{L/C} \end{bmatrix} = f(t - \sqrt{LC}\,x) \begin{bmatrix} 1 \\ \sqrt{L/C} \end{bmatrix}$$

をえる．

20　ポアソン2

空間 3 次元の波動方程式に対する素解はポアソンによってえられた．
波動作用素 (wave operator) を

(1) $$\Box u \equiv \frac{\partial^2}{\partial t^2}u(x,t)-v^2\Delta u(x,t), \quad v>0$$

で表す．Δ は空間変数 $x=(x_1, x_2, x_3)$ に対するラプラシアンである．
(1)に対する素解 $E(x,t)$, $t\geq 0$ は 1 次元の場合と同様に

(2) $$\Box E(x,t)=0, \quad t>0, \quad \lim_{t\to 0}E(x,t)=0,$$

$$\lim_{t\to 0}\frac{\partial}{\partial t}E(x,t)=\delta(x)$$

によって定義される．この E は

(3) $$E(x,t)=\frac{1}{4\pi v^2 t}\delta(r-vt), \quad r=|x|$$

で表される．これがポアソンの公式の現代的表現である．$\delta(r-vt)$ は何か．これは時間変数 t (>0) をとめたとき，原点を中心とし，半径 vt の (3 次元) x 空間に画かれた球面上の面密度 1 の一様分布測度を表す．

ポアソンの結果を具体的にいえば，つぎのようになる．

(4) $$\Box u(x,t)=0, \quad t>0$$

かつ，初期条件

(5) $$u(x,0)=u_0(x), \quad \frac{\partial}{\partial t}u(x,0)=u_1(x)$$

をみたす解 u は一意的に

(6) $$u(x,t)=\frac{\partial}{\partial t}\left(\frac{1}{4\pi v^2 t}\int_{|\xi|=vt}u_0(x+\xi)dS_{vt}\right)$$

$$+\frac{1}{4\pi v^2 t}\int_{|\xi|=vt}u_1(x+\xi)dS_{vt}$$

で与えられる．dS_{vt} は x を中心，半径 vt の球面の面積要素である．

まず(3)をラプラス変換を用いて示す．$E(x,t)$ の t についてのラプ

ラス変換

$$\int_0^\infty e^{-pt} E(x,t) dt = u(x,p), \quad \mathrm{Re}\, p > 0$$

を考える．1次元の場合と同様

(7) $$(p^2 - v^2 \Delta) u(x,p) = \delta(x)$$

をえる．$u(x,p) = f(r)$ の形の解を求める．$\Delta f = f'' + \dfrac{2}{r} f'$ より，両辺を v^2 で割り，$p/v = k$ とおくと，

(8) $$k^2 f(r) - \frac{1}{r}(rf(r))'' = \delta(x)/v^2$$

をえる．両辺に r をかける．右辺は 0 となるから

$$\left(k^2 - \frac{d^2}{dr^2}\right)(rf(r)) = 0$$

をえる．前章でのべたように，$f(r) = ce^{-kr}/r$ をえる．c は(8)にもどって計算すると，$c = (4\pi v^2)^{-1}$ である．実際，第11章「合成積とデルタ関数II」にある計算を参照すれば，

(8)′ $$\left\langle (\Delta - k^2)\left(\frac{1}{r} e^{-kr}\right), \varphi(r) \right\rangle = -4\pi \langle \delta(x), \varphi(r) \rangle$$

が任意のテスト関数 φ に対してなりたつことがわかり，(8)とくらべればよい．ゆえに

$$f(r) = \frac{1}{4\pi v^2} \frac{1}{r} e^{-kr}, \quad k = \frac{p}{v}$$

となる．ラプラス逆変換をとり，

$$E(x,t) = \frac{1}{4\pi v^2 r} \delta\!\left(t - \frac{r}{v}\right), \quad r = |x|$$

をえる．

ところで，

(9) $$\delta\left(t-\frac{r}{v}\right)=\delta\left(\frac{r}{v}-t\right)=v\delta(r-vt)$$

がなりたつ．この関係式を上の $E(x,t)$ の式に代入し，その結果に $r=vt$ を代入して(3)をえる．

(6)はつぎのように導かれる．(4), (5)の解は $\frac{\partial}{\partial t}E(x,t)=E_1(x,t)$ とおいて，$u(x,t)=E_1(x,t)*u_0(x)+E(x,t)*u_1(x)$ で表される．このとき $\Box E_1=0$, $E_1(x,0)=\delta(x)$, $\frac{\partial}{\partial t}E_1(x,0)=0$ がなりたつことを注意すればよい．さらに

(10) $$\Box u(x,t)=f(x,t), \quad t\geqq 0$$

の解で，$u(x,0)=\frac{\partial}{\partial t}u(x,0)=0$ をみたす解はつぎのようになる．ただし，簡単のために，$t<0$ で $f(x,t)=0$ とする．

$$u(x,t)=E(x,t)*f(x,t)$$
$$=\int_0^t\left(\int E(x-\xi,t-\tau)f(\xi,\tau)d\xi\right)d\tau.$$

ここで積分変数 τ を $t-\tau=\tau'$ で変更し，τ' をあらためて τ とかけば，括弧の中は

$$\frac{1}{4\pi v^2\tau}\int_{|x-\xi|=v\tau}f(\xi,t-\tau)dS_{v\tau}$$
$$=\frac{1}{4\pi v}\int_{|x-\xi|=v\tau}|x-\xi|^{-1}f(\xi,t-\tau)dS_{v\tau}$$

となる．$dS_{v\tau}$ は x を中心とする半径 $v\tau$ の球面の面積要素である．容易に推察されるように

$$dS_{v\tau}vd\tau=d\xi$$

がなりたつ．$d\xi$ は空間3次元の体積要素である(図1参照)．積分範囲では $\tau=|x-\xi|/v$ であるから

$$f(\xi,t-\tau)=f\left(\xi,t-\frac{|x-\xi|}{v}\right)$$

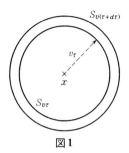

図1

とかかれる．

最後に $0 \leq \tau \leq t$ であることを考慮すれば(10)の解(前進波)はつぎの形をとる．

$$(11) \qquad u(x, t) = \frac{1}{4\pi v^2} \int_{|x-\xi| \leq vt} \frac{f\left(\xi, t - \frac{|x-\xi|}{v}\right)}{|x-\xi|} d\xi.$$

積分範囲は，(x, t) を頂点とする錐面 C であり，4次元空間の中の3次元(超)曲面上である．これを視覚的にとらえるために空間次元を2次元として図示する(図2参照)．

上にのべた説明を補足しよう．まず(8)'についてのべる．

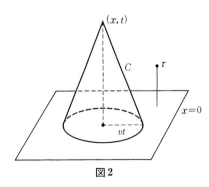

図2

$$\left\langle \frac{1}{r}e^{-kr}, \Delta\varphi \right\rangle = 4\pi \int_0^\infty \frac{1}{r}e^{-kr}\left(\varphi''(r)+\frac{2}{r}\varphi'(r)\right)r^2 dr$$
$$= 4\pi \int_0^\infty e^{-kr}(r\varphi''+2\varphi')dr.$$

部分積分によって,

$$(\text{A}) \quad \int_0^\infty e^{-kr}r\varphi''dr = \varphi(0)+\int_0^\infty \varphi(e^{-kr}r)''dr,$$
$$(\text{B}) \quad \int_0^\infty e^{-kr}2\varphi'dr = -2\varphi(0)-\int_0^\infty 2\varphi(e^{-kr})'dr.$$
$$(\text{A})+(\text{B}) = -\varphi(0)+\int_0^\infty \varphi\{(e^{-kr}r)''-2(e^{-kr})'\}dr$$
$$= -\varphi(0)+\int_0^\infty k^2 re^{-kr}\varphi\, dr.$$

ゆえに,

$$\left\langle \frac{1}{r}e^{-kr}, \Delta\varphi \right\rangle = -4\pi\varphi(0)+4\pi k^2 \int_0^\infty re^{-kr}\varphi\, dr$$
$$= -4\pi\langle \delta(x), \varphi\rangle + k^2\left\langle \frac{1}{r}e^{-kr}, \varphi \right\rangle.$$

ついで(9)について説明する.テスト関数 $\varphi(x)$ に対して,

$$\int \delta(v^{-1}r-t)\varphi(x)dx, \quad r=|x|$$

を考える.$v^{-1}x=x'$ と積分変数を変更すれば,これは

$$v^3 \int \delta(r'-t)\varphi(vx')dx' = v^3 \int_{|x'|=t} \varphi(vx')dS_t$$

となる.ここで再び $vx'=\xi$ と積分変数を変更すると,$dS_t = v^{-2}dS_{vt}$ であるから,上式は

$$v\int_{|\xi|=vt} \varphi(\xi)dS_{vt} = \langle v\delta(r-vt), \varphi(x)\rangle$$

となる.

(9)から(3)がしたがうことは,つぎのように考えればよい.

$$\frac{1}{4\pi v^2 r}\delta(t-v^{-1}r) = \frac{v}{4\pi v^2 r}\delta(r-vt) = \frac{1}{4\pi v^2 t}\delta(r-vt).$$

21　線形変換

Camille Jordan(1838-1922)

I ジョルダンの標準形

線形変換あるいは1次変換が与えられた場合,新たに座標軸(基底)を導入して1次変換を見やすい形に表現することは,解析学の基本的な手法である.これを本格的に研究したのはジョルダン(C. Jordan, 1838-1922)である.ここでは2次元の場合に限って具体的な構成法を説明する.

(1) $$x = k_1 X + k_1' Y, \quad y = k_2 X + k_2' Y$$

で定義される1次変換を考える.ここで $\delta = k_1 k_2' - k_1' k_2 \neq 0$ と仮定する.したがって $\begin{bmatrix} k_1 \\ k_2 \end{bmatrix} = \vec{k}$, $\begin{bmatrix} k_1' \\ k_2' \end{bmatrix} = \vec{k'}$ は1次独立である.(1)はベクトル記号で

(2) $$\begin{bmatrix} x \\ y \end{bmatrix} = X\vec{k} + Y\vec{k'}$$

とかかれる.いいかえれば,(1)はもとの (x, y) 座標系に対して新しい (X, Y) 座標系を導入することと考えられる.幾何学的に説明しよう.

図1において
$$A = (k_1, k_2), \quad B = (k_1', k_2')$$
であり,これは X, Y を測る尺度(単位)をも指定している.P が与え

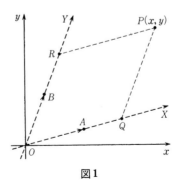

図1

られたとき，まず $PQ /\!/ OY$ となる Q を求める．しかし長さ $\overline{OQ}$ が P の X 座標を与えているわけではない．向きも合わせて考えて $X = \overline{OQ}/\overline{OA}$，すなわち $\overrightarrow{OQ} = X\overrightarrow{OA}$ となる X が P の X 座標である．Y 座標についても同様である．

(1) を行列の形でかくと

$$\text{(3)} \qquad \begin{bmatrix} x \\ y \end{bmatrix} = \begin{bmatrix} k_1 & k_1' \\ k_2 & k_2' \end{bmatrix} \begin{bmatrix} X \\ Y \end{bmatrix} \equiv K \begin{bmatrix} X \\ Y \end{bmatrix}$$

となる．

つぎの事実は重要である．1次変換

$$x' = ax + by, \qquad y' = cx + dy,$$

$$\text{(4)} \qquad \begin{bmatrix} x' \\ y' \end{bmatrix} = A \begin{bmatrix} x \\ y \end{bmatrix}$$

が与えられたとき，

(5) $\qquad AK = KD$，すなわち $D = K^{-1}AK$

で定義される D によって，A は XY 座標系から見た 1 次変換

$$\text{(6)} \qquad \begin{bmatrix} X' \\ Y' \end{bmatrix} = D \begin{bmatrix} X \\ Y \end{bmatrix}$$

で表される．実際 $\begin{bmatrix} x' \\ y' \end{bmatrix} = AK \begin{bmatrix} X \\ Y \end{bmatrix} = KD \begin{bmatrix} X \\ Y \end{bmatrix}$ であり，他方定義より $\begin{bmatrix} x' \\ y' \end{bmatrix} = K \begin{bmatrix} X' \\ Y' \end{bmatrix}$ であるから，両者に K^{-1} を作用させれば(6)をえる．(5)で定義される D を A の K による変換行列という．まず D を対角形

$$\text{(7)} \qquad D = \begin{bmatrix} s_1 & 0 \\ 0 & s_2 \end{bmatrix}$$

にとることができるとした場合，K を求める方法を考える．これが可能のとき A は対角化可能という．この場合(5)は

$$\text{(8)} \qquad \begin{bmatrix} a & b \\ c & d \end{bmatrix} \begin{bmatrix} k_1 & k_1' \\ k_2 & k_2' \end{bmatrix} = \begin{bmatrix} k_1 & k_1' \\ k_2 & k_2' \end{bmatrix} \begin{bmatrix} s_1 & 0 \\ 0 & s_2 \end{bmatrix}$$

となるが，これは

(9) $$A\begin{bmatrix}k_1\\k_2\end{bmatrix} = s_1\begin{bmatrix}k_1\\k_2\end{bmatrix}, \quad A\begin{bmatrix}k_1'\\k_2'\end{bmatrix} = s_2\begin{bmatrix}k_1'\\k_2'\end{bmatrix}$$

と同等である．実際(8)の両辺の第1，第2列のベクトルをくらべるとよい．ところで(9)の第1式は

(10) $$\begin{bmatrix}a-s_1 & b\\ c & d-s_1\end{bmatrix}\begin{bmatrix}k_1\\k_2\end{bmatrix} = 0$$

を意味する．当然 (k_1, k_2) は同時に 0 になることは許されない．すなわち $(k_1, k_2) \neq 0$．この条件がみたされる $\vec{k}$ がとれるためには，s_1 は s についての特性方程式

(11) $$\Phi(s) = \begin{vmatrix}a-s & b\\ c & d-s\end{vmatrix} = 0$$

の1根であることが必要十分である．なお $\Phi(s)=0$ の根 s を A の固有値，また $\begin{bmatrix}k_1\\k_2\end{bmatrix}$ を s に対応する固有ベクトルとよぶ．(9)は行列 A が対角化可能であるときには，A が1次独立な固有ベクトルをもつことを主張している．

まずいえることは $\Phi(s)=0$ が相異なる2根 s_1, s_2 をもつ場合は，これが実現している．以下その説明．まず $b=c=0$ のとき $K=I$ とすればよいので b, c のうち少なくとも1つは 0 でない場合を考えればよい．(10)の解として，

$$k_1 : k_2 = b : (s_1-a) = (s_1-d) : c$$

をみたすものがあればよい．具体的には，$b \neq 0$ のときは $(k_1, k_2)=(b, s_1-a)$ を，$b=0, c \neq 0$ のときは (s_1-d, c) をとればよい．さらに (k_1', k_2') として，それに応じて $(b, s_2-a), (s_2-d, c)$ をそれぞれとれば要求はみたされる．

(11)が2重根 s_0 をもつときは，上記のことはもはやなりたたない．具体的には，

(12) $$A = \begin{bmatrix} s_0 & 0 \\ 0 & s_0 \end{bmatrix} = s_0 I$$

の場合を除いて A は対角化可能ではない.実際いまの場合,A が対角化可能とすれば D は(12)の形となるが,それより,$A = KDK^{-1} = K(s_0 I)K^{-1} = s_0 I$ がしたがうからである.$A \neq s_0 I$ のときは,A は

(13) $$D = \begin{bmatrix} s_0 & 1 \\ 0 & s_0 \end{bmatrix}$$

の形に変換できる.実際 $b \neq 0$ のときは $(k_1, k_2) = (b, s_0 - a)$ ととり,$K = \begin{bmatrix} b & 0 \\ s_0 - a & 1 \end{bmatrix}$ ととれば,(5)の関係式

$$\begin{bmatrix} a & b \\ c & d \end{bmatrix} \begin{bmatrix} b & 0 \\ s_0 - a & 1 \end{bmatrix} = \begin{bmatrix} b & 0 \\ s_0 - a & 1 \end{bmatrix} \begin{bmatrix} s_0 & 1 \\ 0 & s_0 \end{bmatrix}$$

がなりたつ.両辺の第2列が問題であるが,$2s_0 = a + d$ に着目すればよい.$b = 0$, $c \neq 0$ の場合は $K = \begin{bmatrix} 0 & 1 \\ c & 0 \end{bmatrix}$ ととればよい.

II ローレンツ変換

特殊相対論の基礎にあるローレンツ変換は1次変換の好例である.空間を1次元,したがって時空2次元の場合に限定し,その形を求める推論は興味深いので紹介する.座標系 S, S' があり,S' の原点 O' は S の原点 O に対して相対速度 v で運動しているものとする.$t = t' = 0$ で O と O' は一致しているものとする.

S 系の座標 (x, t) の点には,

(14) $$\begin{cases} x' = ax + bt \\ t' = dx + et \end{cases}$$

で定義される S' 系の座標 (x', t') が対応しているものとする.もちろんこの対応は可逆であり,さらに x 軸,x' 軸の正の向きは一致しているものとする.

まず O' は S 系から見ると速度 v で運動しているから

(15) $\qquad \{x'=0,\ t'\ \text{自由}\} = \{x-vt=0\}.$

逆に考えて O は S' から見ると速度 $-v$ で運動しているから，

(16) $\qquad \{x=0,\ t\ \text{自由}\} = \{x'+vt'=0\}.$

これからつぎのことがわかる．まず(15)から，(14)の第1式を見ると，$b=-av$ がしたがう．同様にして(16)から $b+ev=0$，したがって $e=a$ がしたがう．

ついで重要な要請，「光速度 c は座標系に無関係である」を導入する：

(17) $\qquad \{x-ct=0\} = \{x'-ct'=0\}$

これを(14)に代入すると，$(ac+b)/(dc+e)=c$ がえられる．今までにえられたことと合わせて $(ac-av)/(dc+a)=c$，すなわち $a(c-v)=c(a+dc)$．ゆえに $d=-av/c^2$．まとめると，

(18) $\qquad \begin{bmatrix} x' \\ t' \end{bmatrix} = a \begin{bmatrix} 1 & -v \\ -v/c^2 & 1 \end{bmatrix} \begin{bmatrix} x \\ t \end{bmatrix}$

をえる．さて a は何か．今までの要請(15)-(17)だけからは a は定まらない．そこで a に対して v のみの連続関数であって，$a(0)=1$ かつ

(19) $\qquad a(v) = a(-v)$

であると仮定すれば，$a(v)$ は一意的に定まる．実際，S と S' の役割を逆転して考えればよい．O は O' に対して速度 $-v$ で運動しているから，(19)を用いれば(18)から

(20) $\qquad \begin{bmatrix} x \\ t \end{bmatrix} = a(v) \begin{bmatrix} 1 & v \\ v/c^2 & 1 \end{bmatrix} \begin{bmatrix} x' \\ t' \end{bmatrix}$

がしたがう．一方(18)を逆に解くと

$\qquad \begin{bmatrix} x \\ t \end{bmatrix} = a(v)^{-1} \varDelta^{-1} \begin{bmatrix} 1 & v \\ v/c^2 & 1 \end{bmatrix} \begin{bmatrix} x' \\ t' \end{bmatrix}$

がえられる．$\varDelta = 1-v^2/c^2$ である．この式を上式とくらべ，$a(v)$ に対す

る仮定を考慮すれば，

(21) $\qquad a(v) = (1-v^2/c^2)^{-\frac{1}{2}} \equiv (1-\beta^2)^{-\frac{1}{2}} \quad (\beta = v/c)$

をえる．$a(v)$ は通常 $\gamma(v)$ とかかれる．

前節との関係を明らかにするために図2を見よう．(20)より，$A = (\gamma, \gamma v/c^2)$，$B = (\gamma v, \gamma)$ である．S'系の単位長さは S 系では $\gamma(v)(>1)$ である．この事実は S 系のものさしで l の長さは S' 系のものさしでは $l/\gamma(v)(<l)$ である（ローレンツ収縮）．同様に S' 系の単位時間を S 系の時計で測ると $\gamma(v)(>1)$ 時間である．S' 系で静止している時計の刻みは S 系にいる人にはゆっくり時を刻んでいるように聞こえる．

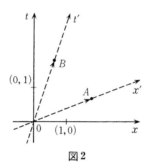

図2

理解を深めるために，つぎの演習問題を考える．固有の長さ l_0 のロケットが S 系に対して $v(>0)$ の速度で進行している．$t = t' = 0$ とおいてロケットの先端 A' がある点 A を通過したとき光の信号が A' からロケットの後端 B' に送られたとする．(a)信号が後端に達したときの S 系での時間 t_1，(b)後端が A を通過するときの S 系での時間 t_2 を求めること．

解答はつぎの通り．ロケット系を S' とする．点 A を両系の原点とし，図3をもとに説明する．E_0 は $t'=0$ における B' の座標点である．

S' 系座標は $(-l_0, 0)$ である．E_0 の S 系座標は(20)より $(-\gamma l_0, -\gamma l_0 v/c^2)$ である．E_0 を通り t' 軸に平行な直線 L が $x' + ct' = 0$ と交わ

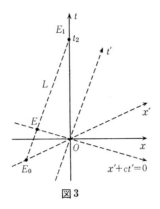

図3

る点 E の t 座標が t_1,また t 軸 ($x=0$) と交わる点 E_1 の t 座標が t_2 である.直線 L は $x'=-l_0$,あるいは

(22) $$x+\gamma l_0-v(t+\gamma l_0 v/c^2)=0$$

で表される.(a) E の t' 座標は l_0/c,ゆえに E の S' 系座標は $(-l_0, l_0/c)$ である.ゆえに (20) より

$$t_1 = \gamma\{v/c^2\cdot(-l_0)+l_0/c\} = \gamma(1-v/c)l_0/c$$
$$= (1-\beta)^{\frac{1}{2}}(1+\beta)^{-\frac{1}{2}}l_0/c$$

(b) (22) において $x=0$ とおいて,

$$t_2 = \gamma(l_0/v - l_0 v/c^2) = \gamma(1-\beta^2)l_0/v$$
$$= (1-\beta^2)^{\frac{1}{2}}l_0/v.$$

図3によって,くわしい状況説明を述べよう.

時刻 $t=0$ でのロケットの先端 A' と後端 B' はそれぞれ図3の O, E_0 で表される.A' の軌跡と B' の軌跡はそれぞれ t' 軸とその平行線 L であり,ロケットは x' 軸と平行を保ちつつ一様に上昇する.

時刻 $t'=0$ の時にロケットの先端 A' を発した光の軌跡は光速不変の原理より,直線 $x'+ct'=0$ となる.したがって直線 $x'+ct'=0$ と直線 L との交点 E において光はロケットの後端 B' に到達する.すなわち点 E の t 座標が t_1 となる.

最後にロケットの後端 B' が A を通過するのは,直線 L と t 軸($x=0$)とが交わる点 E_1 であり,その t 座標が t_2 である.

最後の部分の数学的な説明を丁寧にくり返そう.

1) t' 軸 $\iff x'=0 \iff x=vt$ である.それは(20)において $x'=0$,すなわち

$$\begin{bmatrix} x \\ t \end{bmatrix} = \gamma \begin{bmatrix} 1 & v \\ v/c^2 & 1 \end{bmatrix} \begin{bmatrix} 0 \\ t' \end{bmatrix}$$

とおけばよい.これより $x=\gamma vt'$,$t=\gamma t'$ をえる.t' は自由なパラメータであるから $x=vt$ をえる.

2) E_0 の S 系座標.E_0 の S' 系座標は $(-l_0, 0)$ であるから,(20)において $(x', t')=(-l_0, 0)$ とおくと E_0 の S 系座標として

(23) $$\begin{bmatrix} x \\ t \end{bmatrix} = \begin{bmatrix} -\gamma l_0 \\ -\gamma \dfrac{v}{c^2} l_0 \end{bmatrix}$$

をえる.

3) 直線 L の S 系表示.L は E_0 を通り,t' 軸に平行である.1)の結果と(23)より,L の S 系表示は

$$x-(-\gamma l_0) = v\left(t-\left(-\gamma \frac{v}{c^2} l_0\right)\right)$$

となる.これが(22)である.

4) E の S' 系座標.E_0 の S' 系座標を $(\alpha', 0)$ とおくと,E は E_0 と同じ t' 軸の平行線上にあるから,E の S' 系座標は (α', β') の形をとる.ところで $\alpha'=-l_0$ であるが,(α', β') は直線 $x'+ct'=0$ の上にあるから,$\alpha'+c\beta'=0$.ゆえに $\beta'=-\dfrac{\alpha'}{c}=\dfrac{1}{c}l_0$ となる.以上をまとめて,$(\alpha', \beta') = \left(-l_0, \dfrac{1}{c}l_0\right)$ となる.

5) E の S 系座標.(20)を用いると,E の S 系座標 (x_1, t_1) がわかる.

$$\begin{bmatrix} x_1 \\ t_1 \end{bmatrix} = \gamma \begin{bmatrix} 1 & v \\ v/c^2 & 1 \end{bmatrix} \begin{bmatrix} \alpha' \\ \beta' \end{bmatrix}.$$

ゆえに両辺の第 2 成分は

$$t_1 = \gamma\left(\frac{v}{c^2}\alpha' + \beta'\right) = \gamma\left(-\frac{v}{c^2}l_0 + \frac{1}{c}l_0\right) = \frac{\gamma l_0}{c}\left(1 - \frac{v}{c}\right).$$

右辺が $(1-\beta)^{\frac{1}{2}}(1+\beta)^{-\frac{1}{2}}\dfrac{l_0}{c}$ にひとしいことは計算してみればわかる．

III 行 列 式

今日線形代数とよばれている数学は連立 1 次方程式の解法から始まった．そのかなめは行列式(determinant)である．正方行列 A の行列式を $\det A$ とかく．行列式の原語は決定要素，あるいは「決め手」という意味であり，行列式はできすぎるほどできている数学の道具である．方程式

(24) $$\begin{cases} a_{11}x_1 + \cdots + a_{1n}x_n = b_1 \\ \cdots\cdots\cdots\cdots\cdots\cdots\cdots\cdots\cdots \\ a_{n1}x_1 + \cdots + a_{nn}x_n = b_n \end{cases}$$

を

(25) $$A\vec{x} = \vec{b}$$

と略記する．$\vec{x}, \vec{b}$ はともに列ベクトルである．$\det A \neq 0$ であれば，任意の $\vec{b}$ に対して一意的に解が存在する．$\det A = 0$ の場合，「解けない」の言葉で片づけないで，一歩踏み込んで解けるための $\vec{b}$ に対する条件を考える．考察のキー・ワードは「ランク」と「1 次独立」である．なぜなら，A の第 j 列ベクトルを $\vec{a_j}$ とかくと(24)は，

(26) $$x_1\vec{a_1} + x_2\vec{a_2} + \cdots + x_n\vec{a_n} = \vec{b}$$

を意味し，$\vec{b}$ が $\{\vec{a_j}\}$ の 1 次結合で表現されるか否かの問題になるからである．

一般に行列(正方行列とは限らない)のランクが p であるとは，A に含まれる p 次の小行列式の中で 0 でないものが少なくとも 1 つはあるが，$(p+1)$ 次の小行列式はすべて 0 であるときをいう．

考察の中心を最大ランク(maximum rank)の行列におく．これは A を (p, q) 型行列(p 行 q 列の行列)としたとき

$$\mathrm{rank}\, A = \min(p, q)$$

がなりたつ場合である．右辺は $p>q$(たて長)のときは q をさし，$p<q$(横長)のときは p をさす．じつはこの場合，字義通り解釈すると，上のランクの定義は不十分であることがわかる．丁寧にいえば，「$(p+1)$ 次の小行列式がないか，あるいはある場合には，…」となる．最大ランクの行列は A が正方行列($p=q$)のとき $\det A \neq 0$ をみたす場合の直接的な拡張である．なおランクの定義はフロベニウス(F. G. Frobenius, 1849-1917)に負う．つぎの 2 つの補題は重要である．

補題1 連立方程式

$$\begin{cases} a_{11}x_1 + \cdots + a_{1p}x_p + \cdots + a_{1n}x_n = b_1 \\ \cdots\cdots\cdots\cdots\cdots\cdots\cdots\cdots\cdots\cdots\cdots\cdots\cdots\cdots \\ a_{p1}x_1 + \cdots + a_{pp}x_p + \cdots + a_{pn}x_n = b_p \end{cases}$$

において，係数のつくる行列 A(横長)のランクが p である(最大ランク)とする．つぎのことがなりたつ．

（1） 任意の $(b_1, \cdots, b_p)$ に対して解はつねに存在する．

（2） 右辺をすべて 0 とおいてえられる方程式(斉次方程式)をみたす $\vec{x}=(x_1, x_2, \cdots, x_n)$ は $(n-p)$ 次元のベクトル空間をつくる．

(1)は明らかである．説明の便宜のために x_i の番号を入れかえて，$C=(a_{ij})_{1 \leq i, j \leq p}$ とおいたとき $\det C \neq 0$ と仮定できる．この方程式を $x_{p+1}=\cdots=x_n=0$ とおいて考えればよい．(2)はつぎのようにすればよい．まず，$x_{p+1}=1$, $x_{p+2}=\cdots=x_n=0$ とおいて方程式を解く：

$$C\begin{bmatrix} x_1 \\ \vdots \\ x_p \end{bmatrix} = -\begin{bmatrix} a_{1,p+1} \\ \vdots \\ a_{p,p+1} \end{bmatrix}$$

この解を $\vec{x_1}$ とかく．以下同様にして $\vec{x_2}, \cdots, \vec{x_{n-p}}$ が求まる．これらは形から見て1次独立である．ついで斉次方程式の任意の解 $\vec{x} = (c_1, \cdots, c_n)$ に対して，

$$\vec{y} = \vec{x} - (c_{p+1}\vec{x_1} + \cdots + c_n\vec{x_{n-p}})$$

を考えれば，このベクトルの成分の最後の $(n-p)$ 成分は形から見て 0 であり，$\det C \neq 0$ を見れば最初の p 成分もまた 0 であることが必要で，$\vec{y} = 0$ がしたがう．ゆえに $\vec{x}$ は $\vec{x_1}, \cdots, \vec{x_{n-p}}$ の1次結合で表される．

補題2 A' を (n, p) 型で $n \geq p$（たて長）とする．つぎの2条件は同等である．

　（a）　rank $A' = p$，

　（b）　A' の列ベクトルは1次独立．

証明はつぎの通り．(a)から(b)は明らかであろう．(b)から(a)がしたがうことを矛盾によって示す．仮に rank $A' = p-1$ であったとする．適当に行ならびに列を入れかえて，左上の $(p-1)$ 次行列式が 0 でないとする．この変形で A' のランクならびに列ベクトルの1次独立性は不変である．以後イメージを定めるためにつぎの場合 $(n=4, p=3)$ について考える．

(27)　$\begin{bmatrix} a_{11} & a_{12} & \vdots & a_{13} \\ a_{21} & a_{22} & \vdots & a_{23} \\ \hdashline a_{31} & a_{32} & \vdots & a_{33} \\ a_{41} & a_{42} & \vdots & a_{43} \end{bmatrix}$

$\begin{vmatrix} a_{11} & a_{12} \\ a_{21} & a_{22} \end{vmatrix} \neq 0$ である．そこで c_1, c_2 を

$$\begin{cases} a_{11}c_1 + a_{12}c_2 = -a_{13} \\ a_{21}c_1 + a_{22}c_2 = -a_{23} \end{cases}$$

となるようにえらび，(27) の第 1，第 2 列にそれぞれ c_1, c_2 をかけたものを第 3 列に加えると

$$\left[\begin{array}{cc|c} a_{11} & a_{12} & 0 \\ a_{21} & a_{22} & 0 \\ \hline & & a'_{33} \\ \multicolumn{2}{c|}{※} & a'_{43} \end{array}\right]$$

のようになる．ところがこの変形によって，ランクが 2 であること，すなわち 3 次の小行列がすべて 0 であるという性質は変わらない．これより $a'_{33}=a'_{43}=0$ がしたがう．このことは仮定(b)に矛盾する．ゆえに A' のランクは 3 でなくてはならない．A' のランクが 1 と仮定した場合も同様に矛盾に導かれる．

1 次独立と 1 次結合との関係は何か．つぎのことが基礎にある．$\overrightarrow{a_1}, \cdots, \overrightarrow{a_p}$ を 1 次独立とする．$\vec{b}$ が $\{\overrightarrow{a_j}\}$ の 1 次結合で表されるための必要十分条件は，$\overrightarrow{a_1}, \cdots, \overrightarrow{a_p}, \vec{b}$ が 1 次独立でないことである．必要なことは $\vec{b}=\sum c_j \overrightarrow{a_j}$ より明らか．十分であることは，$(c_0, c_1, \cdots, c_p) \neq 0$ として $c_0 \vec{b} + \sum c_j \overrightarrow{a_j} = 0$ がなりたつとすれば $c_0 \neq 0$ でなくてはならないからである．なぜなら $c_0=0$ としてなりたつとすると，$(c_1, c_2, \cdots, c_p) \neq 0$ でなくてはならず，$\{\overrightarrow{a_j}\}$ の 1 次独立性の仮定に反するからである．

22　フレドホルムの定理

Erik Ivar Fredholm (1866-1927)

I ボルテラ,フレドホルムの積分方程式

フレドホルムの積分方程式の理論をよく理解するには,ボルテラの仕事を多少知っておく必要があると思われるので,それを簡単に説明する.積分方程式の本格的な研究は19世紀末イタリアの数学者ボルテラ(V. Volterra, 1860-1940)によって始められた.

ボルテラは方程式

$$\tag{1} \int_0^x K(x, s)\varphi(s)ds = F(x)$$

の可解性を追求した.ここでは簡単のため $F(x), K(x, s)$ は範囲 $x \in [0, a]$, $s \in [0, a]$ で連続,かつ x について C^1 級の与えられた関数とし,$\varphi(s)$ は求めるべき未知関数とする.

まず(1)の両辺を x について導関数をとり,

$$K(x, x)\varphi(z) + \int_0^x K_x'(x, s)\varphi(s)ds = F'(x)$$

をえる.$K(x, x) \neq 0$ $(x \in [0, a])$ を仮定する.両辺を $K(x, x)$ で割ると,

$$\varphi(x) + \int_0^x \frac{K_x'(x, s)}{K(x, x)}\varphi(s)ds = \frac{F'(x)}{K(x, x)}$$

となる.$K_x'(x, s)/K(x, x)$, $F'(x)/K(x, x)$ をそれぞれ $K_1(x, s), F_1(x)$ とかけば,

$$\tag{2} \varphi(x) + \int_0^x K_1(x, s)\varphi(s)ds = F_1(x)$$

となる.なお,(1), (2)はそれぞれボルテラの第1種,第2種積分方程式とよばれている.

(2)を解く,すなわち $\varphi(x)$ を求めるのにピカールの逐次近似法を用いよう.そのために,積分記号の前に複素パラメータ λ を導入し,(2)を

22 フレドホルムの定理

(3) $$\varphi(x)+\lambda\int_0^x K_1(x,s)\varphi(s)ds = F_1(x)$$

とかく．

(4) $$\varphi(x) = \varphi_0(x)+\lambda\varphi_1(x)+\cdots+\lambda^n\varphi_n(x)+\cdots$$

とおいて，(3)の左辺に代入すれば，

(5) $$\begin{cases} \varphi_0(x) = F_1(x) \\ \varphi_1(x) = -\int_0^x K_1(x,s)\varphi_0(s)ds \\ \varphi_2(x) = -\int_0^x K_1(x,s)\varphi_1(s)ds \\ \quad\vdots \\ \varphi_n(x) = -\int_0^x K_1(x,s)\varphi_{n-1}(s)ds \\ \quad\vdots \end{cases}$$

をえる．$|F_1(x)|, |K_1(x,s)|$ の最大値をそれぞれ M, N とおくと逐次，

$$|\varphi_0(x)| \leq M, \ |\varphi_1(x)| \leq MNx, \ \cdots, \ |\varphi_n(x)| \leq \frac{MN^n}{n!}x^n, \ \cdots$$

という評価がえられるから，(4)は任意の λ に対して区間 $[0, a]$ で一様収束級数となり，(3)の解であることがわかる．解の一意性も同様な方法で導かれる．ゆえに $\lambda=1$ とおいて，(2)の一意可解性が示された．これよりさらにつぎの結果が導かれる．

ボルテラの方程式(1)は，$K(x,s), F(x)$ が x について C^1 級の関数で，かつ $K(x,x)\neq 0, F(0)=0$ をみたすとき一意的な解をもつ．

ところで，(2)において $I=[a,b]$ を有限区間とした場合，I 上での積分方程式

$$\varphi(x)+\lambda\int_a^b K(x,s)\varphi(s)ds = F(x)$$

の可解性はどうなるのか，λ が十分小の場合は解の存在はボルテラの方法によりわかるが，λ が一般の場合にはどうなるのかわからなかった．

1900年スウェーデンの若年数学者フレドホルム (E. I. Fredholm, 1866-1927) がつぎの結果を発表し，当時の数学界に大きな衝撃を与えた．その内容は以下の通りである．

つぎの形の1組の方程式を考える．

(A) $\quad \varphi(x) + \int_a^b K(x, \xi)\varphi(\xi)d\xi = f(x),$

(B) $\quad \psi(x) + \int_a^b \psi(\xi)K(\xi, x)d\xi = g(x).$

ここにあらわれる関数 f, g, K は変数が $[a, b]$ の範囲で定義されたものであり，連続とする．つぎの定理がなりたつ．

フレドホルムの定理

（I） 任意の $f(x)$ に対して(A)の解 $\varphi(x)$ が存在する(可解性がなりたつ)ためには，(A)の右辺を0とおいた斉次方程式が自明な解 $\varphi(x) \equiv 0$ 以外に解をもたないことが必要十分である．(B)についても同様である．もっとくわしく，(A)が可解であることと，(B)が可解であることは同等である．

（II） (A)が可解でない場合(したがって(B)も可解でない)，(A)，(B)の右辺を0とおいた斉次方程式の解の集合はともに有限次元であり，その次元数は一致する．

（III） (II)の場合，(B)に対する斉次方程式の1次独立な解を $\psi_1(x)$, $\cdots$, $\psi_p(x)$ とする．$f(x)$ に対して(A)が解をもつための必要十分条件は，

$$\int_a^b f(x)\psi_i(x)dx = 0, \quad i = 1, \cdots, p$$

がなりたつことである．また(B)が解をもつための必要十分条件は

$$\int_a^b g(x)\varphi_i(x)dx = 0, \quad i = 1, \cdots, p$$

がなりたつことである．$\varphi_i(x)$ は(A)に対する斉次方程式の1次独立解

である．

この定理は上記のボルテラの定理の一般的な場合への拡張に相当し，素晴らしい飛躍であり，歴史的に見れば，今日の関数解析学の幕明けである．(I)は(A)について解の一意性が示されれば解 $\varphi(x)$ の存在がいえることを主張している．標語的にいえば，

"Uniqueness implies solvability"

と表現される．

II ディリクレ問題，ノイマン問題

じつは前節の2つの方程式(A)，(B)は定理の本質を容易に理解するために挙げたものであり，もっと広い範囲で定理はそのままなりたつ．事実，フレドホルムの目的は当時懸案であったつぎの問題であり，彼は前節の定理の結果を用いて問題を肯定的に解決した．

ディリクレ問題 3次元空間においてなめらかな閉曲面 S で囲まれた領域を R とする．連続関数 $f(p)$ を S 上に任意に与えて

$$(6) \quad \begin{cases} \Delta u(P) = 0, & P \in R \\ u(p) = f(p), & p \in S \end{cases}$$

をみたす $u(P)$ を求めること(存在を示すこと)．Δ はラプラシアンであり，$u(P)$ は S まで含めて連続とする．

フレドホルムの方法は，

$$(7) \quad W(P) = \frac{1}{2\pi} \int_S \varphi(q) \frac{d}{dn_q} |P-q|^{-1} dS_q, \quad P \in R$$

の形で $u(P)$ を求めようとするものである．$W(P)$ は2重層ポテンシャルとよばれている．電磁気の言葉でいえば，面上に磁気モーメント密度 $\varphi(q)$ で分布した magnetic shell とよばれるもので，磁気モーメントの向きは外法線 n に一致する向きを正とする(図1参照，± はそれぞれ S

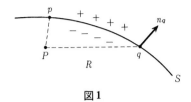

図1

の表, 裏を示す). $P(\in R)$ を法線に沿って S 上の点 p に近づけたときの $W(P)$ の極限値を $W_-(p)$ とかくと,

$$(8) \qquad W_-(p) = -\varphi(p) + \frac{1}{2\pi}\int \varphi(q)\frac{d}{dn_q}|p-q|^{-1}dS_q$$

がなりたつ. この事実があるからフレドホルムの定理は(A)の形の積分方程式が問題にされたのである.

(8)は極限をとると積分から関数の値がポンと飛び出る現象であり, 解析における微妙な問題の1つの典型である. 上式は $W_-(p) = -\varphi(p) + W(p)$ ともかけ, $W(P)$ は S 上で落差をもつ. なお(8)にあらわれる核

$$K(p,q) = \frac{1}{2\pi}\frac{d}{dn_q}|p-q|^{-1}$$

は $p=q$ で不連続であるが, $p=q$ の近くで $|K(p,q)| \leq C|p-q|^{-1}$ という評価をもつ.

(8)について説明する. 簡単のために, S が平面の場合を考える. S を xy 平面にとり, z 軸の正の向きは磁気モーメントの正の向きと一致しているとする. P を z 軸上の点にとり, その座標を z_0 とする.

2重層ポテンシャル $\frac{d}{dn_q}|P-q|^{-1}$ をまず計算する. 図2をもとに説明する. そのために, S 上の点 $q(x, y)$ を固定し, q を通り z 軸に平行な直線上の点 $q'(x, y, z)$ と P との距離を r とする.

$$r = \{\rho^2 + (z_0-z)^2\}^{\frac{1}{2}} \quad (\rho^2 = x^2+y^2)$$

とおく. z は 0 の近くを動くパラメータである.

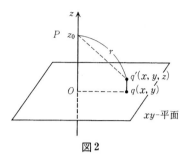

図2

$$\frac{\partial}{\partial z} r^{-1} = r^{-3}(z_0 - z)$$

であるから，$z=0$ とおくと $\dfrac{\partial}{\partial z} r^{-1} = r^{-3} z_0$ となる．ゆえに

$$w(z_0) = \frac{1}{2\pi} \iint \varphi(x, y) \frac{\partial}{\partial z} r^{-1} dxdy$$
$$= \frac{1}{2\pi} z_0 \iint \varphi(x, y)(\rho^2 + z_0^2)^{-\frac{3}{2}} dxdy.$$

ここで原点を中心とする極座標を導入する．$dxdy = \rho d\rho d\theta$ より

(9) $$\frac{1}{2\pi} \int_0^{2\pi} \varphi(\rho\cos\theta, \rho\sin\theta) d\theta = \bar{\varphi}(\rho)$$

とおくと，

(10) $$w(z_0) = z_0 \int_0^\infty \bar{\varphi}(\rho)(\rho^2 + z_0^2)^{-\frac{3}{2}} \rho \, d\rho.$$

ここで $\varphi(x, y)$ は積分可能で連続と仮定する．そこで，$z_0 > 0$, $z_0 < 0$ の条件のもとで $z_0 \to 0$ とするときの $w(z_0)$ の極限をそれぞれ $w(+0)$, $w(-0)$ とおくと

(11) $$w(\pm 0) = \pm \bar{\varphi}(0) \quad (\text{複号同順})$$

がなりたつ．この検証は最後に回す．もちろん $\bar{\varphi}(0) = \varphi(0, 0)$ である．なお $w(0)$ は元来 0 である．しかし S が曲面の場合は(8)のようになる．ところで $w(z_0)$ は奇関数である．ゆえに $w'(z_0)$ は偶関数である：

(12) $$w'(-z_0) = w'(z_0)$$

ついでながら，**ノイマン問題**を解説する．これは(6)において，第2式を

$$(13) \quad \frac{d}{dn}u(p) = g(p), \quad p \in S$$

としたものである．n は単位外法線である．解 $u(p)$ を

$$(14) \quad V(P) = \frac{1}{2\pi}\int \psi(q)|P-q|^{-1}dS_q$$

の形で求める．この $V(P)$ を1重層ポテンシャルとよぶ．R を導体と考えると電荷は S 上に分布するが，$\psi(q)$ は電荷面密度と解釈される．(14)において，$\psi(q)$ を電荷密度とよぶのは厳密には正しくない．それは積分において定数 $\frac{1}{2\pi}$ をつけて考えるからである．この理由は，(15)をみればわかるように，右辺第1項が $\psi(p)$ から始まるようにするためである．(8)に対応して，

$$(15) \quad \frac{d}{dn_-}V(p) = \psi(p) + \frac{1}{2\pi}\int_S \psi(q)\frac{d}{dn_p}|p-q|^{-1}dS_q$$

がえられる．右辺の意味はつぎの通り．p を通る S の法線 n_p を考える．n_p の向きは外法線の向きとする．P を R の n_p 上に制限し，$\frac{d}{dn_p}V(P)$ を考え，$P \to p$ のときの極限値が左辺の示す量である．

S が平面の場合，$V(P)$ は(14)と図2を参照すれば，

$$v(z_0) = \frac{1}{2\pi}\iint \psi(x,y)r^{-1}dxdy, \quad r = (\rho^2+z_0^2)^{\frac{1}{2}}$$

となる．さらに $\frac{\partial}{\partial z_0}r^{-1} = \frac{\partial}{\partial z_0}(\rho^2+z_0^2)^{-\frac{1}{2}} = -(\rho^2+z_0^2)^{-\frac{3}{2}}z_0$ であるから，

$$v'(z_0) = -\frac{1}{2\pi}z_0\iint \psi(x,y)r^{-3}dxdy$$

となる．$v'(z_0)$ は奇関数である．(11)と同様にして，

$$(16) \quad \begin{cases} v'(z_0) = -v'(-z_0) \\ v'(\pm 0) = \mp \psi(0,0) \quad (\text{複号同順}) \end{cases}$$

がえられる．

　さらに重要なことは，$\Delta V(P)=\Delta W(P)=0$, $P\not\in S$ である．これは直接確かめられる(ラプラスの定理)．

　最後に(11)と(16)を証明しておこう．証明の原理は同じなので，(11)を示す．(10)を見よう．

$$\int (\rho^2+z_0{}^2)^{-\frac{3}{2}}\rho\,d\rho = -(\rho^2+z_0{}^2)^{-\frac{1}{2}}+C$$

を考慮し，δ を正数として，

$$(17)\quad z_0\int_0^\delta (\rho^2+z_0{}^2)^{-\frac{3}{2}}\rho\,d\rho = z_0|z_0|^{-1}-z_0(\delta^2+z_0{}^2)^{-\frac{1}{2}}$$
$$= \operatorname{sgn}(z_0)-z_0(\delta^2+z_0{}^2)^{-\frac{1}{2}}$$

に着目する．さらに

$$(18)\quad w(z_0) = \bar\varphi(0)z_0\int_0^\delta (\rho^2+z_0{}^2)^{-\frac{3}{2}}\rho\,d\rho$$
$$+z_0\int_0^\delta \{\bar\varphi(\rho)-\bar\varphi(0)\}(\rho^2+z_0{}^2)^{-\frac{3}{2}}\rho\,d\rho$$
$$+z_0\int_\delta^\infty \bar\varphi(\rho)(\rho^2+z_0{}^2)^{-\frac{3}{2}}\rho\,d\rho \equiv I_1(z_0)+I_2(z_0)+I_3(z_0)$$

と分解する．さて，$\varepsilon\,(>0)$ に対して δ をつぎのようにとる．

$$(19)\quad \max_{0\le\rho\le\delta}|\bar\varphi(\rho)-\bar\varphi(0)| < \varepsilon.$$

(17)より，符号一定のもとに $z_0\to 0$ のとき，

$$I_1(z_0) \to \operatorname{sgn}(z_0)\cdot\bar\varphi(0)$$

である．$I_2(z_0)$ については，(17)より，$|z_0|\int_0^\delta (\rho^2+z_0{}^2)^{-\frac{3}{2}}\rho\,d\rho<1$ であり，(19)を参照すれば，$|I_2(z_0)|<\varepsilon$ である．$I_3(z)$ については，

$$|I_3(z_0)| \le |z_0|\int_\delta^\infty |\bar\varphi(\rho)|\rho^{-2}d\rho$$

であるから，$z_0\to 0$ のとき，$I_3(z_0)\to 0$ がなりたつ．以上より，ε は任意

であったから，
$$|w(z_0) - \operatorname{sgn}(z_0) \cdot \bar{\varphi}(0)| \to 0 \quad (z_0 \to 0)$$
が示された．

III ディリクレ・ノイマン問題の可解性

前節で2重層ポテンシャル $W(P)$，1重層ポテンシャル $V(P)$ を導入し，その性質をのべた．それらの記号をそのまま使う．

(20) $$K(p, q) = \frac{1}{2\pi} \frac{d}{dn_q} |p-q|^{-1}$$

とおくと，つぎの関係式をえる．

$$\begin{cases} (\mathrm{I})_1 & W_-(p) = -\varphi(p) + \int K(p, q) \varphi(q) dS_q \\ (\mathrm{I})_2 & \dfrac{d}{dn_+} V(p) = -\psi(p) + \int \psi(q) K(q, p) dS_q \end{cases}$$

$$\begin{cases} (\mathrm{II})_1 & W_+(p) = \varphi(p) + \int K(p, q) \varphi(q) dS_q \\ (\mathrm{II})_2 & \dfrac{d}{dn_-} V(p) = \psi(p) + \int \psi(q) K(q, p) dS_q \end{cases}$$

ここで $(\mathrm{I})_1$ は内部ディリクレ，$(\mathrm{I})_2$ は外部ノイマン，$(\mathrm{II})_1$ は外部ディリクレ，$(\mathrm{II})_2$ は内部ノイマン問題に対応する基本関係式である．積分は S 全体にわたる．S で囲まれた内部領域を R，S の外部領域を R' とかく（図3参照）．上記の2組の方程式系に対して前にのべたフレドホルムの定理がなりたつ．以下の推論のかなめはつぎの2つの恒等式である．いずれもガウス・グリーンの定理からしたがう．

(21) $$\int_S u \frac{du}{dn_-} dS = \int_R \left\{ u \Delta u + \Sigma \left(\frac{\partial u}{\partial x_i} \right)^2 \right\} dx,$$

(22) $$-\int_S u \frac{du}{dn_+} dS + \int_{S_c} u \frac{du}{dr} dS = \int_{R'_c} \left\{ u \Delta u + \Sigma \left(\frac{\partial u}{\partial x_i} \right)^2 \right\} dx.$$

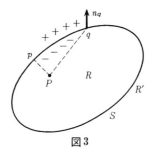

図3

ここで S_c は原点を中心,半径 c の球面であり,R'_c は S_c の内部にある R' の部分である(図4参照).c は R を内部に含むほど大きいとする.以後は,$\Delta u = 0$ をみたす関数に限定するので,(21),(22)の右辺は $|\mathrm{grad}\, u|^2$ の積分となる.

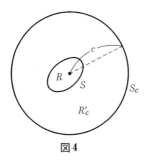

図4

上の2組の方程式系にフレドホルムの定理を適用すると,

定理1 (I) は可解,(II) は可解ではない.

証明.(I) の可解性を矛盾によって示す.(I) が可解でないとする.フレドホルムの定理より,$(I)_2$ は零解 $\psi_0(p)\,(\not\equiv 0)$ をもつことになる.零解とは左辺を 0 とおいた方程式の自明でない解をいう.$\psi_0(p)$ を密度にもつ1重層ポテンシャルを $V_0(P)$ とすると,全空間で $V_0(P) \equiv 0$ になることを以下に示す.これが矛盾であることは,$(II)_2$ から $(I)_2$ を引くと

$$\frac{d}{dn_-}V_0(p) - \frac{d}{dn_+}V_0(p) = 2\psi_0(p)$$

がなりたっていなければならないが，上式は $0-0=2\psi_0(p)$ となり，$\psi_0(p)$ が零解であるという仮定に反することからいえる．

まず $V_0(P)$ が R' で 0 であることを示す．$\psi_0(p)$ は $(\mathrm{I})_2$ の零解であるから $\dfrac{d}{dn_+}V_0(p)=0$ である．$V_0(P)$ に (22) を適用する．$V_0(P)$ の形を見れば，$|P|\to\infty$ のとき，$|P|V_0(P)$，$|P|^2\dfrac{d}{dr}V_0(P)$ が有界にとどまることがわかる．ゆえに (22) の左辺の第2項は $c\to\infty$ のとき 0 に近づく．これより $\mathrm{grad}\,V_0(P)\equiv 0$，すなわち $V_0(P)=$ 定数 がしたがう．他方，$V_0(P)\to 0\,(|P|\to\infty)$ であるから，$V_0(P)\equiv 0$，$P\in R'$ である．ついで $P\in R$ (内領域) のときの $V_0(P)$ を考える．

まず $V_0(P)$ は全空間で連続関数であることは 1 重層ポテンシャルの形を見ればわかる．したがってとくに S 上で $V_0(P)\equiv 0$，さらに (21) を適用すると，$V_0(P)$ は R で定数である．ゆえに $V_0(P)\equiv 0$，$P\in R$．結局 $V_0(P)\equiv 0$ が全空間でなりたつ．ゆえに (I) の可解性の証明は完了した．

(II) が可解でないことはつぎのようにすればわかる．S 上で恒等的に 1 にひとしい関数を $\varphi_0(p)$ とかく．$\varphi_0(p)$ をモーメントとする 2 重層ポテンシャルは

$$W(P)=\frac{1}{2\pi}\int_S 1\cdot\frac{d}{dn_q}|P-q|^{-1}dS_q$$

である．ところで $P\in R'$ のときは，$W(P)$ はガウスの定理より 0 である．なぜなら

$$W(P)=\frac{1}{2\pi}\int\frac{d}{dn_q}|P-q|^{-1}dS_q=\frac{1}{2\pi}\int_R \Delta_Q|P-Q|^{-1}dx_Q=0$$

であるからである．ゆえに $W_+(p)=0$ である．このことは $\varphi_0(p)(\equiv 1)$ が $(\mathrm{II})_1$ の零解であることを示している．ゆえにフレドホルムの定理 (I) により，方程式 $(\mathrm{II})_1$ は可解ではない (証明終わり)．

これよりとくに内部ディリクレ問題は可解であることがわかった．な

お解 $u(P)$ が一意的であることは，最大値原理あるいは(21)を適用すればわかる．

内部ディリクレ問題を2重層ポテンシャルを用いて $(I)_1$ の積分方程式に帰着させることは，フレドホルムよりだいぶ前(1877)にノイマン(C. G. Neumann, 1832-1925)によって用いられていた．ノイマンは S が凸である場合 $(I)_1$ が可解であることを逐次近似法を用いて示した．この考察はまことに巧妙である．しかし凸という不自然な S の形状の制限を取り除くことができなかった．フレドホルムは上記の積分方程式の性格が連立1次方程式のそれと同種のものであると予想し，前にのべた数学モデル

$$(23) \qquad \varphi(x)+\int_a^b K(x,\xi)\varphi(\xi)d\xi = f(x)$$

の考察から出発した．要点は，この方程式を離散化して，$[a,b]$ を n 等分して

$$a = x_0 < x_1 < \cdots < x_n = b$$

とし近似関係式 ($\varphi_i = \varphi(x_i)$, $f_i = f(x_i)$ とする)，

$$(24) \qquad \varphi_i + \frac{b-a}{n}\sum_{j=1}^n K_{ij}\varphi_j = f_i, \quad 1 \leq i \leq n$$

でおきかえ，$(\varphi_1, \cdots, \varphi_n)$ をクラメールの公式を用いて表したとき，分母にあらわれる行列式 D_n が $n\to\infty$ のとき

$$D = 1+\int_a^b K(x,x)dx+\frac{1}{2}\int_a^b\int_a^b K\begin{bmatrix}x & y \\ x & y\end{bmatrix}dxdy+\cdots$$

に収束することを見抜いた．事実 $D \neq 0$ が，(24)が可解であるための必要十分条件になるのである．フレドホルムの仕事は，ディリクレ問題の解決もさることながら，いわゆる大域的問題の解決に重要な武器を与えたことに大きな意義がある．

最後に(21), (22)について解説しておこう．これらはグリーンの公式

とよばれているものの 1 例である．(21)について解説する．理解を容易にするために，$n=1$ の場合を考えると，微積分の基本公式より，

$$uu'\Big|_{x=a}^{x=b} = \int_a^b \{uu'' + u'^2\}dx$$

がえられる．これが基本になる．一般次元 n の場合には，左辺は

$$\sum_{i=1}^n \int_S u \cdot \frac{\partial u}{\partial x_i} n_i dS$$

になる．ここで n_i は S 上の点における単位外法線の i 成分である．ガウス・グリーンの定理を適用する．このことは結果的には $n_i dS$ を $\frac{\partial}{\partial x_i}dx$ におきかえることである．したがって上記の曲面積分は，

$$\sum_{i=1}^n \int_R \frac{\partial}{\partial x_i}\left(u\frac{\partial u}{\partial x_i}\right)dx = \int_R \left\{u\Delta u + \sum_{i=1}^n \left(\frac{\partial u}{\partial x_i}\right)^2\right\}dx$$

にひとしい．ここでもちろん $dx = dx_1 \cdots dx_n$ である．

23 静電誘導

Michael Faraday(1791-1867)

I 静電誘導と内部ノイマン問題

　導体 R が静電場におかれたとき表面 S に電荷分布が引き起こされ，導体が等電位になる．これが静電誘導(electrostatic induction)である．このことをフレドホルムの定理の応用として解説する．電場 $\vec{E}$ は rot $\vec{E}=0$, div $\vec{E}=0$ より，

(1) $$\vec{E} = -\mathrm{grad}\,\Phi(P), \quad \Delta\Phi(P) = 0$$

と表現される．求めるべき S 上の電荷密度を $\psi(p)$，その1重層ポテンシャルを $V(P)$ とおく．さらに

(2) $$\tilde{V}(P) = V(P)+\Phi(P)$$

とおくと，$\dfrac{d}{dn_-}\tilde{V}(p)=0$, $p\in S$ がなりたつこと，すなわち $\dfrac{d}{dn_-}V(p)+\dfrac{d}{dn}\Phi(p)=0$, $p\in S$, がなりたつことが，$P\in R$ で $\tilde{V}(P)$ が定数値であるための必要十分条件である．

$$V(P) = \frac{1}{2\pi}\int_S \psi(q)|P-q|^{-1}dS_q$$

とおくと，上の条件はつぎの(3)で表される．その理由は前章で説明した．

(3) $$-\frac{d}{dn}\Phi(p) = \psi(p)+\int\psi(q)K(q,p)dS_q$$

をえる．関係する基本関係式をかく．

(II)$_1$ $$W_+(p) = \varphi(p)+\int K(p,q)\varphi(q)dS_q$$

(II)$_2$ $$\frac{d}{dn_-}V(p) = \psi(p)+\int\psi(q)K(q,p)dS_q$$

(4) $$\frac{d}{dn_+}V(p)-\frac{d}{dn_-}V(p) = -2\psi(p)$$

(5) $$W_+(p)-W_-(p) = 2\varphi(p)$$

$$(6) \qquad \frac{d}{dn_+}W(p) = \frac{d}{dn_-}W(p)$$

なお(6)は第22章の(12)でSが平面の場合に説明した．

つぎの定理はガウスの定理とよばれているきわめて有力な定理であり，以下の推論に用いる．

定理1(最大・最小値原理) 有界な閉領域$\bar{D}$で定義された連続調和関数$U(P)$は，定数値関数であるか，そうでなければ最大値，最小値をともに境界上でのみとる．

上の定理はたんに最大値定理ともよばれる．コメントをつけ加えよう．領域D(連結開集合)に，その境界点をつけ加えた集合$\bar{D}$(閉集合)を閉領域という．今の場合，RあるいはR'にSをつけ加えた集合はともに閉領域である．なおDで$\Delta U(P)=0$をみたす関数を調和関数という．

定理2 $(\mathrm{II})_1, (\mathrm{II})_2$の零解の集合(左辺を0とおいた方程式の恒等的に0ではない解)はともに1次元である．

証明．$(\mathrm{II})_1$について示す．$(\mathrm{II})_1$の任意の零解を$\varphi_0(p)$とすると$\varphi_0(p)$=定数 であることを以下に示す．$\varphi_0(p)$に対応する2重層ポテンシャルを$W^0(P)$とかく．$W_+^0(p)\equiv 0$, $p\in S$, かつ $W^0(P)\to 0$, $|P|\to\infty$ であるから，ガウスの定理より$W^0(P)\equiv 0$, $P\in R'$ がしたがう．ゆえに(6)より $\frac{d}{dn_-}W^0(p)\equiv 0$, $p\in S$, がしたがう．すなわち $W^0(P)=$ 定数, $P\in R$．ゆえに(5)より$\varphi_0(p)=$定数 をえる．なお$(\mathrm{II})_2$の零解の次元数が1であることはフレドホルムの定理の主張するところである．(証明終わり)

なお文中にガウスの定理とあるが，くわしくいえば原点を中心とする十分大きい半径の球面S_cを仮想的に境界と考えて推論する．

さて，$\varphi_0(p)\equiv 1$を$(\mathrm{II})_1$の零解ととり，$\psi_0(p)$を$(\mathrm{II})_2$の零解の1つとすると，

$$\text{(7)} \qquad \int \varphi_0(p)\psi_0(p)dS = \int \psi_0(p)dS \not\equiv 0$$

がなりたつ．証明はつぎの通り．

$\psi_0(p)$ に対応する1重層ポテンシャルを $V^0(P)$ とかく．$V^0(P)=v_0$, $P\in R$ とする．仮に $v_0=0$ とすると，S 上でも0であるから，ガウスの定理を用いると，$V^0(P)\equiv 0$, $P\in R'$ がしたがう．ゆえに (4) より $\psi_0(p)\equiv 0$ で，$\psi_0(p)$ が零解である仮定に反する．

ついで $v_0>0$ とする．最大値原理より，$P\in R'$ で $v_0>V^0(P)\geqq 0$ がなりたつ．したがって導関数の定義により，$\dfrac{d}{dn_+}V^0(p)\leqq 0$, (4) より $\psi_0(p)\geqq 0$. $\psi_0(p)$ は連続で，かつ $\psi_0(p)\not\equiv 0$ である．ゆえに (7) が示された．同様にして，$v_0<0$ ならば $\psi_0(p)\leqq 0$ が示される．以上をまとめると，

$$\text{(8)} \qquad \int \psi_0(p)dS = 1$$

ととれる．$\psi_0(p)$ に対応する1重層ポテンシャルを $V_0(P)$ とする．

定理3

ⅰ) $\psi_0(p)\geqq 0$,

ⅱ) R で $V_0(P)$ は定数 $v_0>0$,

がなりたつ．

なお v_0^{-1} は R の静電容量に相当する．ところで $\psi_0(p)>0$ であることが電磁気的感覚から当然予想される．実際，つぎのことが知られている．証明は微妙である．

定理4(最大・最小値原理の精密化)　R の境界 S はなめらかとする．$V_0(P)=v_0$, $P\in \bar{R}(=R+S)$, とし，さらに $V_0(P)<v_0$, $P\in R'$, とすると，$\dfrac{d}{dn_+}V_0(p)<0$ がなりたつ．したがって，(4) より

$$\text{(9)} \qquad \psi_0(p)>0$$

がなりたつ．

最初の問題 (3) に移る．可解性(少なくとも解が1つはあること)を見

るには，$\varphi_0(p) \equiv 1$（$(II)_1$の零解）を考慮して，フレドホルムの定理(III)を適用する．

$$\int_S \frac{d}{dn}\Phi(p)dS = \int_R \Delta\Phi(P)dx = 0$$

であるから(3)は可解である．もちろん一意的ではない．この特解を $\tilde{\psi}(p)$ とかく．(3)の一般解は c を任意定数として，

$$\psi(p) = \tilde{\psi}(p) + c\psi_0(p)$$

の形をとる．$\psi_0(p)$ は定理3にあらわれるものである．この不定さは S 上の全電荷

$$e = \int_S \psi(p)dS$$

あるいは R 上での電位 $\tilde{V}(P)$ を指定すれば一意的に定まる．

(1)について説明をつけ加える．これはストークスの定理からただちにしたがう事実である．すなわち，$\vec{E} = (E_x, E_y, E_z)$ のとき，P_0 を空間の1点とし，

$$\Phi(P) = -\int_{P_0}^P E_x dx + E_y dy + E_z dz$$

によって $\Phi(P)$ を定義すればよい．まず rot $\vec{E} = 0$ の仮定から，$\Phi(P)$ は定義にあらわれる P_0 から P に至る積分路に無関係に定まることがわかる．さらにこのことを用いれば，

$$\mathrm{grad}\,\Phi(P) = -\vec{E}$$

がなりたつこともわかる．これより $\Delta\Phi = -\mathrm{div}\,\mathrm{grad}\,\Phi = -\mathrm{div}\,\vec{E} = 0$ がしたがう．

最後に述べた定理(最大・最小値原理の精密化)に関しては，つぎの書物

 イ・ゲ・ペトロフスキー『偏微分方程式論』(吉田耕作校閲，渡辺毅訳)，東京図書，1990,

のp. 278を引用した．

II　複数導体の場合の静電誘導

　静電誘導についてもう少し考察を続ける．帯電した導体 R_1 の作る静電場に別の導体 R_2 をおいたとき(図1参照)，それぞれの表面 S_1, S_2 に電荷の移動が起こり，その結果 R_1, R_2 での電位が一定になるような，いわゆる平衡分布に達する．このことをフレドホルムの定理を用いて説明する．

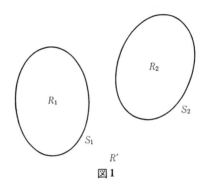

図1

　この場合の方程式は前節同様，

$$(\text{II})_1 \qquad W_+(p) = \varphi(p) + \int_S K(p, q)\varphi(q)dS_q$$

$$(\text{II})_2 \qquad \frac{d}{dn_-}V(p) = \psi(p) + \int_S \psi(q)K(q, p)dS_q$$

である．前節と違うのは積分範囲が $S=S_1+S_2$ である点である．したがって $p\in S$ である．

　まず，つぎの補題を用意する．

　補題1　$(\text{II})_1, (\text{II})_2$ の零解(左辺を0とおいた方程式の解)の集合はともに2次元である．

証明は定理 2 の証明とほとんど同じである．くわしくいえば，$\varphi_1(p)$ を $p\in S_1, S_2$ でそれぞれ $1, 0$ の値をとり，$\varphi_2(p)$ をそれぞれ $0, 1$ の値をとる (II)$_1$ の零解とすると，任意の零解 $\varphi(p)$ は φ_1, φ_2 の 1 次結合で表すことができることを示せばよい．その証明は前のものとまったく同じである．理由は，$\dfrac{d}{dn_-}W(p)=0, \ p\in S$，より $W(p)$ は R_1 および R_2 でともに定数値関数であることがしたがうからである．

以後 (II)$_2$ の零解 $\psi(p)$，すなわち

(10) $$\psi(p)+\int \psi(q)K(q,p)dS_q = 0$$

をみたす $\psi(p)$ の性質を調べる．$\psi(p)$ に対応する 1 重層ポテンシャルを $V(P)$ とおく．今まで，零解といえば $\psi(p)\equiv 0$ の条件のもとで考えたが，つぎの補題 2 では $\psi(p)\equiv 0$ も零解と考える．したがって，(10) の解は対応する $V(P)$ が $\dfrac{d}{dn_-}V(p)=0$ をみたすものをいう．

補題 2

（ⅰ）　$V(P)$ が R_1, R_2 でともに 0 であれば，$\psi(p)\equiv 0, \ p\in S$ である．

（ⅱ）　S_i 上の全電荷がともに 0，すなわち

$$\int_{S_i}\psi(p)dS = 0, \quad i = 1, 2$$

ならば，$\psi(p)\equiv 0, \ p\in S$ である．

証明．

（ⅰ）　仮定より，最大値原理を用いれば $V(P)\equiv 0$ がしたがうが，さらに $V(P)$ に恒等式

(11) $$\dfrac{d}{dn_+}V(p)-\dfrac{d}{dn_-}V(p) = -2\psi(p), \quad p \in S$$

を適用すればよい．

（ⅱ）　$V(P)$ の R_1, R_2 上での値をそれぞれ v_1, v_2 とし，$(v_1, v_2)\neq 0$ とすると仮定と矛盾することを示す．必要ならば番号をとりかえ，さらに

$\psi(p)$ を $-\psi(p)$ として,$v_1>0$ かつ $v_1\geq v_2$ と仮定することができる.最大値原理より $v_1>V(P)$, $P\in R'$ がなりたっている.ゆえに最大値原理の精密化定理より,$\dfrac{d}{dn_+}V(p)<0$, $p\in S_1$, ゆえに(11)より $\psi(p)>0$, $p\in S_1$ がしたがい,仮定に矛盾する.したがって $v_1=v_2=0$ が示された.これは,(i)がなりたつことであり,したがって $\psi(p)\equiv 0$, $p\in S$ がなりたつ.(証明終わり)

さて方程式(10)の1次独立解を $\psi_1(p), \psi_2(p)$ とする(補題1参照).対応する1重層ポテンシャルをそれぞれ $V_1(P), V_2(P)$ とかく.つぎの表を考える.

	R_1	R_2		S_1	S_2
$V_1(P)$	v_{11}	v_{12}	ψ_1	e_{11}	e_{12}
$V_2(P)$	v_{21}	v_{22}	ψ_2	e_{21}	e_{22}

ここで v_{ij} は $V_i(P)$ の R_j の値であり,$e_{ij}=\int_{S_j}\psi_i(p)dS$ である.

補題 3

(12) $$\begin{vmatrix} v_{11} & v_{12} \\ v_{21} & v_{22} \end{vmatrix}\neq 0, \quad \begin{vmatrix} e_{11} & e_{12} \\ e_{21} & e_{22} \end{vmatrix}\neq 0$$

がなりたつ.

証明.これらは補題2からただちにしたがう.第1の関係式を背理法によって示す.行列式が0であったとせよ.ある $(\alpha,\beta)\neq 0$ があって

(13) $$V(P)=\alpha V_1(P)+\beta V_2(P)$$

の R_1 および R_2 上での値がともに0となるが,補題2,(i)より $\alpha\psi_1(p)+\beta\psi_2(p)\equiv 0$, $p\in S$ がしたがう.これは $\psi_1(p),\psi_2(p)$ の1次独立性に反する.第2の関係式も同様に背理法で示される.実際,第2の行列式が0であったとする.$(\alpha,\beta)\neq 0$ があって,$\psi=\alpha\psi_1+\beta\psi_2$ の S_1 および S_2 上での全電荷がともに0となる.ゆえに補題2より $\psi(p)\equiv 0$, $p\in S$ となって矛盾.

結論 静電誘導の問題は,解の存在ならびに一意性に関する限り,

(10)をみたす解 $\psi(p)$ の性質を調べる問題に帰着される．$\psi(p)$ は平衡分布密度(density of charges in equilibrium)とよばれているものである．この際補題3が重要で，これによって各 S_i 上の全電荷 e_i ($i=1, 2$) あるいは各 R_i 上での電位 v_i の指定によって $\psi(p)$ の存在が一意的に確定する．たとえば後者についていえば，解を(13)の形とおいて，

$$\alpha v_{11}+\beta v_{21} = v_1, \qquad \alpha v_{12}+\beta v_{22} = v_2$$

をみたす α, β をとればよい．実際，第1行は $V(P)=\alpha V_1(P)+\beta V_2(P)$ の R_1 上の電位を，第2行は R_2 上の電位を表すからである．

最後に一言つけ加える．理解の便宜上導体の個数を2としたが，個数が何であっても同じ推論が適用され，上記の結論は正しい．

24 アンペールの法則

André-Marie Ampère(1775-1836)

定常電流の誘導する磁場 B はアンペール(A.-M. Ampère, 1775-1836)の法則

(1) $$c^2 \operatorname{rot} B = j/\varepsilon_0,$$
(2) $$\operatorname{div} B = 0$$

にしたがう. j は与えられた電流密度である. このとき B はつぎのようにして求められる. (2)を考慮し,

(3) $$B = \operatorname{rot} A$$

とおく. A はベクトルポテンシャルとよばれている. 有名な公式

(4) $$\operatorname{rot} \operatorname{rot} A = \operatorname{grad} \operatorname{div} A - \Delta A$$

を用い, かつ div $A = 0$ と仮定すると(1)は

(5) $$-\Delta A = \frac{1}{c^2 \varepsilon_0} j$$

となり, ポアソンの定理により

(6) $$A(x) = \frac{1}{4\pi c^2 \varepsilon_0} \int |x-\xi|^{-1} j(\xi) d\xi$$

は(5)をみたす.

(6)を用いて, 無限に長い直線状の針金を流れる電流が誘起する磁場を求めてみよう. 針金を z 軸にとり, 電流の強さを J とする. 電流の向きは z 軸に一致しているとする.

(6)は

(7) $$A_0(x, y, z) = J\alpha \int_{-\infty}^{\infty} \{r^2 + (z-\xi)^2\}^{-\frac{1}{2}} d\xi \cdot e_z$$
$$r^2 = x^2 + y^2, \quad \alpha = (4\pi c^2 \varepsilon_0)^{-1}$$

となる. しかしこの場合, 積分は ∞ になるから, ポアソンの定理を直接には適用できないことになる. このことは問題の設定(理想化)に無理があることにもよっている. 手元にある本によれば, 「無限遠点で閉じている回路と考える」という文言だけがあるが, 今回は発散積分(7)を

修正して考える方法を採る．

補題

$$I_n(x, y, z) = \int_{-n}^{n} \{r^2 + (z-\zeta)^2\}^{-\frac{1}{2}} d\zeta$$

とおくと，

(8) $\qquad I_n(x, y, z) = \log 4n^2 - \log r^2 + \varepsilon_n(x, y, z)$

と表現される．$\varepsilon_n(x, y, z)$ は，(x, y, z) を有界な範囲に限ると，$n \to \infty$ のとき一様に 0 に収束する量である．

証明は後に回す．さて一般に大きなパラメータ n に従属する (x, y, z) の関数が上記のように，n とともに絶対値が増大する定数と，そうでない部分とに分解される場合，もとの関数から前者を引いた関数を有限部分(partie finie)という．記号で Pf. I_n とかく．この命名はアダマール(J. S. Hadamard, 1865-1963)による．今の場合は

$$\text{Pf. } I_n = -\log r^2 + \varepsilon_n, \qquad \text{Pf. } I = -\log r^2$$

である．この規約によれば，(7), (8) から

(9) $\qquad \text{Pf. } \boldsymbol{A}_0(x, y, z) = J\alpha \text{ Pf. } I(x, y, z)\boldsymbol{e}_z = -J\alpha \log r^2 \cdot \boldsymbol{e}_z$

となるが，この関数は(5)をみたす．すなわち

(10) $\qquad \Delta(\text{Pf. } \boldsymbol{A}_0) = -\dfrac{J}{c^2 \varepsilon_0}(\delta(x, y) \otimes 1_z)\boldsymbol{e}_z$

がなりたつ．説明しよう．以下 $\boldsymbol{A}_0$ の z 成分だけを問題にするので，$\boldsymbol{e}_z$ を省略する．Δ に関するポアソンの定理は 3 次元では，

(∗) $\qquad -\Delta\left(\dfrac{1}{4\pi}\dfrac{1}{\sqrt{x^2+y^2+z^2}} * \gamma(x, y, z)\right) = \gamma(x, y, z)$

となる．∗ は合成積をさす．ここで

$$\gamma(x, y, z) = \dfrac{J}{c^2 \varepsilon_0}(\delta(x, y) \otimes [-n, n]_z)$$

とすると，補題にいう I_n は，

$$I_n(x, y, z) = \frac{1}{\sqrt{x^2+y^2+z^2}} * (\delta(x, y) \otimes [-n, n]_z)$$

であり，上記(∗)は

(∗∗) $\quad -\Delta\left(\dfrac{J}{4\pi\varepsilon_0 c^2} I_n(x, y, z)\right) = \dfrac{J}{c^2\varepsilon_0}(\delta(x, y) \otimes [n, n]_z)$

とかかれる．ここで $n \to \infty$ の極限を考える．$I_n(x, y, z)$ は収束しないが，補題の(8)により，

$$I_n(x, y, z) = (-\log r^2 + \varepsilon_n(x, y, z)) + \log 4n^2$$

であり，かつ $\log 4n^2$ は定数値であるから $-\Delta I_n$ にはこの項の影響はない．ゆえに(∗∗)において I_n を有限部分 Pf. I_n でおきかえても左辺は変わらない．ゆえに，

$$-\Delta\left(\frac{J}{4\pi c^2\varepsilon_0}\text{Pf. } I_n(x, y, z)\right) = \frac{J}{c^2\varepsilon_0}(\delta(x, y) \otimes [-n, n]_z)$$

がなりたつ．ここで $n \to \infty$ とすると，Pf. $I_n(x, y, z)$ は Pf. $I(x, y, z)$ に収束するから，超関数の意味で，

$$-\Delta\left(\frac{J}{4\pi c^2\varepsilon_0}\text{Pf. } I(x, y, z)\right) = \frac{J}{c^2\varepsilon_0}(\delta(x, y) \otimes 1_z)$$

をえる(第27章「超関数」参照．一般に $f_n \to f$ in $\mathcal{D}'$，から $\Delta f_n \to \Delta f$ in $\mathcal{D}'$ がしたがう)．ゆえに(10)が示された．さらにこの解は(9)を見れば明らかなように (x, y) のみに依存するから，div Pf. $\boldsymbol{A}_0(x, y, z) = 0$ である．

最後に

(11) $\quad \boldsymbol{B} = \text{rot}(\text{Pf. } \boldsymbol{A}_0) = -J\alpha \, \text{rot}\,(0, 0, \log r^2)$
$\qquad = \dfrac{J}{2\pi c^2\varepsilon_0}\left(-\dfrac{y}{r^2}, \dfrac{x}{r^2}, 0\right)$

をえる．

補題の証明．

$$I_n = \log(\sqrt{r^2+(n-z)^2}+n-z) - \log(\sqrt{r^2+(n+z)^2}-n-z).$$

$\left(\dfrac{r}{n-z}\right)^2 = \zeta_1$, $\left(\dfrac{r}{n+z}\right)^2 = \zeta_2$ とおく. $n\to\infty$ のとき $\zeta_i\to 0$ である.

(12)　　$I_n = \log((n-z)(\sqrt{1+\zeta_1}+1)) - \log((n+z)(\sqrt{1+\zeta_2}-1)).$

$\sqrt{1+\zeta_i} = 1 + \dfrac{1}{2}\zeta_i + O(\zeta_i^2)$ を用いると,

(13)　　$I_n = \log 4/\zeta_2 + O(\zeta_1) + O(\zeta_2) + O(|z|/n)$

とかける. ζ_2 の形を見れば,

$$\log 4/\zeta_2 = \log 4n^2/r^2 + O(|z|/n).$$

(12) から (13) が導かれるのは少し工夫を要すると思われるので, その計算を解説しよう. まず (13) において, (r, z) は任意に固定された1つの有界集合であり, その条件のもとで, $O(\zeta_i)$ $(i=1, 2)$ は, n が大きいとき,

$$|O(\zeta_i)| \leq K|\zeta_i| \quad (K は n に無関係な定数)$$

を意味する. $O\left(\dfrac{|z|}{n}\right)$ についても同様である.

まず (12) から,

$$I_n = \log n + \log\left(1-\dfrac{z}{n}\right) + \log(2+O(\zeta_1)) - \log n - \log\left(1+\dfrac{z}{n}\right)$$
$$- \log(\sqrt{1+\zeta_2}-1).$$

ゆえに

$$I_n = O\left(\dfrac{|z|}{n}\right) + \log 2 + O(\zeta_1) - \log(\sqrt{1+\zeta_2}-1).$$

右辺の最後の項 $= \log \zeta_2 - \log 2 + O(\zeta_2)$ である. 実際

$$\sqrt{1+\zeta_2}-1 = \dfrac{\zeta_2}{\sqrt{1+\zeta_2}+1},$$

ゆえにこの対数をとると,

$$\log \zeta_2 - \log(\sqrt{1+\zeta_2}+1)$$

となるからである. ゆえに (13) をえる.

ついで

$$\log \frac{4}{\zeta^2} = \log \frac{4}{\left(\dfrac{r}{n+z}\right)^2} = \log \frac{4}{r^2} + \log (n+z)^2$$

$$= \log \frac{4}{r^2} + \log n^2 + O\left(\frac{|z|}{n}\right)$$

をえる．

今の場合，$I_n = \log 4n^2 - \log r^2 + \varepsilon_n(x, y, z)$ に対して有限部分を $-\log r^2 + \varepsilon_n$ としたが，これを $-\log r^2 + \varepsilon_n + C$ (C は定数)としても，これも有限部分である．しかしこのようにしても **B** は変わらないことに注意されたい．

超関数を持ち出したが，これについては最後の章を参考にされたい．なお有限部分の考えを電磁気学に適用することについてはつぎの論文がある：山崎京子，静電場と発散積分 [I], [II], 日本物理教育学会誌，Vol. 37, No. 2 (1989), pp. 88-91; *ibid*. No. 3 (1989), pp. 219-220．

25 ルベーグ積分

Henri Léon Lebesgue (1875–1941)

I 測度 0 の集合

20世紀初頭に解析学に大きな変革があった．その1つとしてフレドホルムの定理を紹介したが，さらに大きな影響力をもつことになった数学者として，フランスのルベーグ (H. L. Lebesgue, 1875-1941) とドイツのヒルベルト (D. Hilbert, 1862-1943) を挙げることができよう．前者は今日のルベーグ積分の創始者であり，後者はヒルベルト空間の創始者である．ルベーグは数学に武器を与え，ヒルベルトは数学を豊かにしたとよくいわれている．本章では簡潔にルベーグ積分を解説する．この節のキー・ワードは「測度 0 の集合」すなわち「零集合」である．

定義(測度 0 の集合)　区間 $[a, b]$ に含まれる点集合 e が測度 0 であるとは，粗くいって長さ 0 の集合ということであるが，厳密にのべるとつぎの通り．任意の $\varepsilon(>0)$ に対して，有限個または可算無限個の区間 $\{I_j\}$ を見つけることができて，その長さの総和が ε より小で，それらで e を被うことができるときをいう．式で表現すれば，

$$(1) \qquad e \subset \bigcup_{j=1}^{\infty} I_j, \quad \sum_{j=1}^{\infty} |I_j| < \varepsilon$$

となる．$|I_j|$ は区間 I_j の長さである．なおこのとき $me=0$ とかく．m は measure (測度) の頭文字である．

ルベーグがそれ以前のリーマン積分を大きく拡張して完全な積分論を樹立することができたのは，1つには，この測度 0 の考えにある．具体的には $\{I_j\}$ として可算無限個を許容したことにある．有名な例として，$[a, b]$ に含まれる有理数全体の集合は測度 0 である．その理由は，有理数全体は可算集合(適当に番号をつけて1列にならべることができること)であるからである．実際，$[a, b]$ に含まれる有理数を1列にならべて，$\{r_1, r_2, \cdots, r_n, \cdots\}$ とする．ε が与えられたとき，r_1 を中心として長

さ $\frac{\varepsilon}{3}$ の区間を I_1, r_2 を中心として長さ $\varepsilon/3^2$ の区間を I_2, … とすると $\bigcup_j I_j$ は有理数全体の被覆になっており,

$$\sum |I_j| = \frac{\varepsilon}{3} + \frac{\varepsilon}{3^2} + \cdots + \frac{\varepsilon}{3^n} = \cdots = \frac{\varepsilon}{2}$$

であるからである．なおこのとき上記の定義を，「有限個の区間で e を被う」という強い条件のもとで考えると，有理数の被覆はすべて $\sum |I_j| \geq b-a$ となって，測度 0 ではなくなる．

測度 0 を導く推論を 1 つ例示する．定理というほどのものではないが，定理としておく．

定理 $f(x)$ を閉区間 $[a, b]$ で定義された単調増大関数とする．$f(x)$ の不連続点全体はたかだか可算集合であり，したがってその測度は 0 である．

証明．x を $[a, b]$ の任意の点とする．$f(x)$ の単調性から，

$$\lim_{\varepsilon \to +0} f(x+\varepsilon) = f(x+0), \quad \lim_{\varepsilon \to +0} f(x-\varepsilon) = f(x-0)$$

が有限確定として存在する．ただし x が a または b のときには，左からの極限 $f(a-0)$, 右からの極限 $f(b+0)$ は意味を失う．それで便宜上 $f(x)$ の定義域を拡張して，$x<a$ のとき $f(x)=a$, $x>b$ のとき $f(x)=b$ として考えることにする．

(2) $$j(x) = f(x+0) - f(x-0)$$

とおく．$f(x)$ が $x=x$ で連続であるということと，$x=x$ で $j(x)=0$ とは同値である．それを見るには今の場合，

$$j(x) = f(x+0) - f(x-0) = |f(x+0) - f(x)| + |f(x-0) - f(x)|$$

がなりたつことに注意すればよい．

他方，任意の x ($-\infty < x < \infty$) に対して，

$$0 \leq j(x) \leq f(b) - f(a)$$

は当然であるが，もっとくわしく，任意の $a \leq x_1 < x_2 < \cdots < x_p \leq b$ に対

して
$$0 \leq j(x_1)+j(x_2)+\cdots+j(x_p) \leq f(b)-f(a).$$
そこで n を任意の正の整数とし，$j(x) \geq \dfrac{1}{n}$ をみたす x の個数を N_n とおくと，

(3) $\qquad N_n \cdot \dfrac{1}{n} \leq f(b)-f(a)$

がなりたつ．ゆえに，$N_n \leq (f(b)-f(a))n$．

このことは $j(x)>0$ をみたす x はたかだか可算無限個であることを示す．

II ルベーグ積分

これからのべる方法はルベーグ積分をストレートに理解できる１つの方法である．ここでのキー・ワードは「可測関数とその積分」である．まずリーマン積分の定義をのべる．$f(x)$ を $[a, b]$ で定義された有界関数(すなわち，ある M があって $|f(x)| \leq M$ の関係をみたす)とする．

$[a, b]$ を有限個の区間に分割し，その分点を

(4) $\qquad a = x_0 < x_1 < \cdots < x_n = b$

とかく．各部分区間 $[x_{i-1}, x_i]$ の中に任意の１点 ξ_i をとり，

(5) $\qquad \sum_{i=1}^{n} f(\xi_i)(x_i - x_{i-1})$

を考える(リーマン和)．$h = \max(x_i - x_{i-1})$ とかいたとき，$h \to 0$ ならば，このリーマン和が分割および ξ_i のとり方のいかんにかかわらず一定の数 I に近づくとき，この極限値 I を $f(x)$ の $[a, b]$ における積分といい

$$\int_a^b f(x)dx$$

で表す．このとき $f(x)$ はリーマンの意味で積分可能という．数学を専

門にしている人以外には，積分といえば，おおむねこの意味で理解されており，記号にもこの定義が反映されている．

さて，積分可能の具体的な条件は何か．大体わかることは，$f(x)$の不連続点があまり多くないことであろうことが察せられる．実際，「ξ_iのとり方のいかんにかかわらず」という点が上の定義のキー・ポイントであるからである．事実，ルベーグはつぎのことを示した．

定理 $f(x)$がリーマンの意味で積分可能であるための必要十分条件は，その不連続点があったとしても，その集合の測度が0であることである．

ルベーグ積分が対象とする関数はつぎのものである．

定義(可測関数) 階段関数列$\{\varphi_n(x)\}$のほとんどいたるところの極限関数として表される関数$f(x)$を可測関数(measurable function)とよぶ．記号では，

$$\varphi_n(x) \to f(x) \quad (n\to\infty), \quad x\in[a,b]-e, \quad me=0$$

となる．$f(x)$は有界である必要はない．

注意 ここで「ほとんどいたるところ」というのは，適当な測度0の集合を無視すれば，という意味で，集合eがこれに該当する．階段関数(step function)とは，つぎの性質をもつ$\varphi(x)$をいう．有限個の部分区間に$[a,b]$を分割し，その分点を$a=x_0<x_1<\cdots<x_n=b$とすれば，

(6) $\quad \varphi(x)=c_i$(定数)，$\quad x_{i-1}<x<x_i \quad (1\leq i\leq n)$

がなりたつときをいう．分点での値は何であってもよい(図1参照)．

可測関数の定数倍，さらに2つの可測関数$f(x), g(x)$に対して，$f(x)+g(x), f(x)g(x), f(x)/g(x), |f(x)|, \max(f(x), g(x))$などは可測関数である．ただし商の場合は$g(x)=0$となる$x$の集合はたかだか測度0であるとする．これらは上の定義からただちにわかる．それから零集合の合併集合は零集合であることを用いればよい．

ついで有界な可測関数$f(x)(|f(x)|\leq M)$に対してルベーグ積分はつ

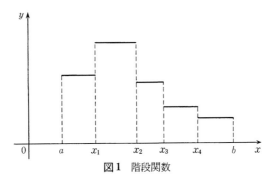

図1 階段関数

ぎのようにして定義される．

定義(積分)　有界な可測関数 $f(x)$ が与えられたとき，$f(x)$ にほとんどいたるところ収束する一様有界な階段関数 $\{\varphi_n(x)\}$ があるが ($|\varphi_n(x)| \leqq M$ とする)，このとき $\int_a^b \varphi_n(x)dx$ は収束列(コーシー列)をなすことが示される．

そこで

$$\lim_{n\to\infty}\int_a^b \varphi_n(x)dx$$

でもって，$f(x)$ の $[a,b]$ 上での積分と定義し，これをリーマン積分と同じ記号

$$\int_a^b f(x)dx$$

でもって表す．なおこの定義は $\{\varphi_n(x)\}$ のとり方によらない．

注意　階段関数 $\varphi(x)$ は(6)の形をしているが，そのとき

$$\int_a^b \varphi(x)dx = \sum c_i(x_i - x_{i-1})$$

である．

リーマンの意味で積分可能な関数は可測関数であり，その積分は上記の積分(ルベーグ積分)と一致することを示しておく．$f(x)$ を積分可能

とする．したがって有界である．$[a,b]$ を n 等分し，その分点を (4) とする．ξ_i を $[x_{i-1}, x_i]$ の任意の点とし，$\varphi_n(x) = f(\xi_i)$, $x \in (x_{i-1}, x_i)$ とする．$\{\varphi_n(x)\}$ は階段関数列であり x が $f(x)$ の連続点で，かついずれの n に対しても分点になっていなければ，$n \to \infty$ のとき，$\varphi_n(x) \to f(x)$ がなりたつ．$f(x)$ の不連続点は定理により測度 0 であり，あらゆる分割の分点の集合は測度 0 であるから，$f(x)$ は可測関数である．さらに

$$\int_a^b \varphi_n(x) dx = \sum_{i=1}^n f(\xi_i)(x_i - x_{i-1})$$

となっている．これは階段関数の積分の定義である．右辺はリーマン和であり，$f(x)$ は積分可能としたから，$n \to \infty$ のとき，$f(x)$ のリーマン積分の値に収束する．

III 可測関数列の収束

つぎの定理は基本的である．

定理 可測関数列 $f_n(x)$ が，ほとんどいたるところ $f(x)$ に収束するならば，$f(x)$ も可測関数である．

この定理によって可測でない関数の実例を作ることは困難であることが推察される．事実，可測でない関数は明示的には何ひとつ知られていない．しかし理論的には非可測関数の存在を示すことができる．このような理由で物理学者，工学者が出あう可能性のある関数は確実に可測であるといえる．

ところで上記の定理を含めて，定性的ともいえる事実でも，その証明となると，定量的な考察を必要とする．その基本になるのは，測度的収束 (convergence in measure) とよばれるものである．

定義 関数列 $\{f_n(x)\}$ が $f(x)$ に測度的に収束するとは，任意の $\varepsilon \, (> 0)$ に対して

$$\bar{m}\{x \mid |f_n(x)-f(x)| \geq \varepsilon\} \to 0, \quad n \to \infty$$

がなりたつときをいう．記号で $f_n(x) \to f(x)$ (測度的) とかく．

上記の定義に用いた $\bar{m}E$ は E の外測度であって，つぎのようにして定義される．

定義　$[a,b]$ に含まれる任意の集合 E に対して外測度 $\bar{m}E$ はつぎの性質をもつ数である．

1) E の任意可算個の区間 I_j による E の被覆：$E \subset \bigcup_{j=1}^{\infty} I_j$，は

$$\sum_{j=1}^{\infty} |I_j| \geq \bar{m}E$$

をみたし，

2) 任意の $\varepsilon\,(>0)$ に対して

$$\sum_{j=1}^{\infty} |I_j| \leq \bar{m}E + \varepsilon$$

をみたす E の被覆がある．いいかえれば，$\bar{m}E$ は E の被覆に対応する値 $\sum |I_j|$ の下限である．外測度はつぎの性質をもつ．

定理

1° $\{e_j\}$ をすべて $[a,b]$ に含まれる集合とする．$\bigcup_{j=1}^{\infty} e_j = E$ とおくと，
$$\bar{m}E \leq \bar{m}e_1 + \bar{m}e_2 + \cdots$$
がなりたつ．

2° $E_1 \subset E_2$ ならば，$\bar{m}E_1 \leq \bar{m}E_2$．

3° 区間 I の外測度はその長さにひとしい：$\bar{m}I = |I|$．さらに，区間の有限個の合併集合(以下簡単に区間塊という)，J に対しても $|J| = \bar{m}J$．

測度的収束はほとんどいたるところの収束ならびに前節でのべた積分の存在定理と直接に関連している．これらの事実を説明しよう．まずつぎの事実を示したい．

定理A　階段関数列 $\{\varphi_n(x)\}$ が $f(x)$ にほとんどいたるところ収束すれば，$\{\varphi_n(x)\}$ は $f(x)$ に測度的に収束している．式で表せば，

$$\varphi_n(x) \to f(x) \quad (x \in [a,b] - e_0, \quad me_0 = 0)$$

のとき，任意の $\varepsilon(>0)$ に対して，

$$\bar{m}\{x \mid |\varphi_n(x) - f(x)| \geq \varepsilon\} \to 0, \quad n \to \infty$$

がなりたつ．

これを示すためにつぎの補助定理を用いる．これはやや微妙な考察を経て証明されるものであるが省略する．たとえば，溝畑茂『ルベーグ積分』(岩波全書, 1966) p.66 を見られたい．

基本補題 $J_1 \subset [a,b]$ とする．各 J_n は，たかだか可算個の区間の合併集合で，$J_1 \supset J_2 \supset J_3 \supset \cdots$ であり，かつ $\bigcap_{n=1}^{\infty} J_n = e_0$ とおいたとき，$me_0 = 0$ とする．このとき，$\bar{m}J_n \to 0\ (n \to \infty)$ がなりたつ．

定理 A の証明．2 段階に分ける．

I） $\varepsilon(>0)$ を任意にとり，集合

$$(7) \qquad J_n = \bigcup_{p,q=n}^{\infty} \{x \mid |\varphi_p(x) - \varphi_q(x)| \geq \varepsilon\}$$

を考える．ここで n は正の整数であり，p, q は $p \geq n,\ q \geq n$ を同時にみたす (p,q) の組についての集合の合併である．もちろん，$J_1 \supset J_2 \supset \cdots \supset J_n \supset \cdots$ がなりたつ．背理法により，つぎのことを示す．

$$(8) \qquad \bigcap_{n=1}^{\infty} J_n \subset e_0.$$

そうでないとする．そのときは $\bigcap_{n=1}^{\infty} J_n$ に属する点 x_0 で，e_0 に属しない点があることになる．

ところで $x_0 \notin e_0$ とは，$\varphi_n(x_0) \to f(x_0)\ (n \to \infty)$ を意味する．他方 $x_0 \in \bigcap_{n=1}^{\infty} J_n$ より，$|\varphi_p(x_0) - \varphi_q(x_0)| \geq \varepsilon$ をみたす (p,q) が無数にあることになる．これは数列 $\{\varphi_p(x_0)\}$ がコーシー列であるという仮定に反する．ゆえに (8) が示された．(8) により，基本補題が適用できて ($me_0 = 0$ を考慮して)，$\bar{m}J_n \to 0\ (n \to \infty)$ がわかった．

II） $\varepsilon(>0)$ を任意の正数として，

(9) $\qquad \{x | |\varphi_n(x)-f(x)| \geq 2\varepsilon\} \subset J_n \cup e_0$

がなりたつ．右辺の J_n は(7)で定義されたものである．これで，I)の結果と合わせて定理が示されたことになる．なぜなら，

(10) $\qquad \bar{m}\{x | |\varphi_n(x)-f(x)| \geq 2\varepsilon\} \leq \bar{m}(J_n)+\bar{m}(e_0) = \bar{m}(J_n)$.

右辺はI)により，$n\to\infty$ のとき 0 に近づく，$\varepsilon(>0)$ は任意に小にとれるから，$\{\varphi_n(x)\}$ の $f(x)$ への測度的収束が示された．

(9)はつぎのようにして示される．J_n の定義から ε, n は固定された定数として推論する．(9)の左辺の集合を K_n とかく．$x \in K_n$，かつ $x \not\in e_0$ のときは $x \in J_n$ であることを示せばよい．

まず $x \in K_n$ であることと，三角不等式を使えば，

$$2\varepsilon \leq |\varphi_n(x)-f(x)| \leq |\varphi_n(x)-\varphi_q(x)|+|\varphi_q(x)-f(x)|$$

が任意の q に対してなりたつ．したがって N_1 を大にとれば，$q \geq N_1$ のとき $|\varphi_q(x)-f(x)| \leq \varepsilon$ がなりたつ．そこで N として，$N>n$ かつ $N>N_1$ ととれば，上の三角不等式より，

$$|\varphi_n(x)-\varphi_N(x)| \geq 2\varepsilon-|\varphi_N(x)-f(x)| \geq \varepsilon$$

がなりたつ．ゆえに $N>n$ より $x \in J_n$ である．（証明終わり）

収束について今までのべてきたものを，その条件が強いものから図式的にかくと，

$\qquad$（一様収束）$\subset$（各点収束）$\subset$（ほとんどいたるところの収束）
$\qquad\qquad \subset$（測度的収束）

となる．

最後に有界可測関数の積分の存在について少しくわしく説明しておく．有界区間 $I=[a, b]$ で有界可測関数 $f(x)$ が与えられたとする．$|f(x)| \leq M$ とする．前定理を考慮してつぎの定理を示しておく．

定理B $\{\varphi_n(x)\}$ を I で定義された一様に有界な階段関数列であって，すなわち $|\varphi_n(x)| \leq M$ $(n=1, 2, \cdots)$ を満足し，測度的に $f(x)$ に収束するとする．このとき，$\left\{\int_a^b \varphi_n(x)dx\right\}$ $(n=1, 2, \cdots)$ は収束列である．

定理Bの証明.測度的収束の定義から任意の $\varepsilon\,(>0),\,\eta\,(>0)$ に対して N があって, $n>N$ のとき
$$\overline{m}\{x|\,|\varphi_n(x)-f(x)|\geq\varepsilon\}<\eta$$
がなりたつ.ゆえに,$n,m>N$ であれば,
$$\{x|\,|\varphi_n(x)-\varphi_m(x)|\geq 2\varepsilon\}\subset$$
$$\{x|\,|\varphi_n(x)-f(x)|\geq\varepsilon\}\cup\{x|\,|\varphi_m(x)-f(x)|\geq\varepsilon\}$$
より,左辺の集合の外測度(この場合は区間塊であるから,その長さ)は 2η をこえない.なぜなら x_0 を左辺の集合の点とする.$\varphi_n(x_0)=c_n$, $\varphi_m(x_0)=c_m$ とおく.このとき $|c_n-c_m|\geq 2\varepsilon$ がなりたつ.ところで $f(x_0)=f$ としたとき,$|c_n-f|\geq\varepsilon$ か,$|c_m-f|\geq\varepsilon$ のうち少なくとも1つの不等号がなりたつことが必要であることがわかる.ゆえに上の集合の包含関係が示された.

$$\left|\int_I\varphi_n(x)dx-\int_I\varphi_m(x)dx\right|\leq\int_I|\varphi_n(x)-\varphi_m(x)|dx$$
$$=\int_{I_1}|\varphi_n(x)-\varphi_m(x)|dx+\int_{I_2}|\varphi_n(x)-\varphi_m(x)|dx$$

と考える.ここで I_1 は $|\varphi_n(x)-\varphi_m(x)|<2\varepsilon$ を満足する点 x の集合(区間塊)であり,I_2 は $|\varphi_n(x)-\varphi_m(x)|\geq 2\varepsilon$ となる x の集合(区間塊)である.したがって $|\varphi_n(x)|\leq M\,(n=1,2,3,\cdots)$ とすると,上式の右辺は
$$2\varepsilon|I_1|+2M\cdot 2\eta$$
をこえない.ε,η はいくらでも小にとれるから,$\left\{\int_I\varphi_n(x)dx\right\}$ はコーシー列をなす.(証明終わり)

注意 定理Aを考慮すれば,定理Bより,一様に有界な階段関数列 $\{\varphi_n(x)\}$ が $f(x)$ にほとんどいたるところ収束すれば,$\left\{\int_I\varphi_n(x)dx\right\}$ もまた収束列であることがしたがう.

26　ヒルベルト空間

David Hilbert (1862-1943)

1900-1901 年の冬に，フレドホルムの積分方程式の仕事がヒルベルト (D. Hilbert, 1862-1943) のいるゲッチンゲン大学に伝わった．彼はこの仕事に大きな衝撃を受けたようである．ヒルベルトはフレドホルムとは違う視点に立って積分方程式の研究を本格的に始めることになった．彼の脳裏にはゲッチンゲン大学の先達リーマンが証明なしに認めて用いたディリクレの原理があった．

　ディリクレ問題とは，平面上のなめらかな単一閉曲線 Γ で囲まれた領域を Ω とするとき，周上 Γ であらかじめ与えられたなめらかな関数 $\psi(s)$ に対して，周上で $\psi(s)$ に一致し，内部で

$$(1) \qquad \Delta f(x,y) \equiv \left(\frac{\partial^2}{\partial x^2} + \frac{\partial^2}{\partial y^2}\right) f(x,y) = 0$$

をみたす $f(x,y)$ を求める問題をいう．

　ディリクレの原理とは，この問題をつぎの変分問題に転化する方法をいう．周上で $\psi(s)$ に一致する関数 $f(x,y)$ のうちで

$$(2) \qquad \iint_\Omega \left\{\left(\frac{\partial f}{\partial x}\right)^2 + \left(\frac{\partial f}{\partial y}\right)^2\right\} dxdy$$

を最小にする $f_0(x,y)$ を求めること．なおこの積分はディリクレ積分とよばれている．

　ヒルベルトは後者の問題，すなわち $f_0(x,y)$ の存在を示す問題を実質的に解決したが，彼の貢献はむしろ今日のヒルベルト空間を導入し，それによって対称作用素のスペクトル分解を一般的に論じた点にある．

　ヒルベルト空間とは何か．初歩的な段階では無限次元のユークリッド空間であると理解してもよいが，くわしくいえば，ヒルベルト空間とは内積をそなえた完備なベクトル空間をいう．

　内積とは何か．それはその空間の任意のベクトルの組 f, g に対して定義された実数値関数で，任意の実数 α_1, α_2 に対してつぎの性質をもつものをいう．

a) $(g, f) = (f, g)$
b) $(\alpha_1 f_1 + \alpha_2 f_2, g) = \alpha_1(f_1, g) + \alpha_2(f_2, g)$
c) $(f, f) \geqq 0$, かつ等号がなりたつのは $f = 0$ の場合に限る．

完備とは何か．これを説明するには準備を要する．まず，有限次元のベクトルの場合の絶対値に相当する量 $\|f\|$（f のノルムという）を
$$\|f\| = (f, f)^{1/2}$$
で定義し，さらに2つの元(ベクトル) f, g の距離を $\|f-g\|$ で定義する．これに関して，以下の3つの関係式が，上の3つの内積の性質，ならびにノルム $\|f\|$ の定義からしたがうことを注意しておく．

d) $\|f+g\| \leqq \|f\| + \|g\|$
e) $\|\alpha f\| = |\alpha| \|f\|$
f) $|(f, g)| \leqq \|f\| \|g\|$

上の d), e) は距離のみたすべき公理がなりたつことを保証している．

完備性の定義 ノルム $\|f\|$ が定義されたベクトル空間 E が完備であるとは，つぎのことがなりたつときをいう．列 $\{f_n\}$ が，

(3) $$\lim_{m, n \to \infty} \|f_m - f_n\| = 0$$

をみたすとき，ある $f_0 \in E$ があって，

$$\lim_{n \to \infty} \|f_n - f_0\| = 0$$

がなりたつ．

注意 (3)をみたす列はコーシー列とよばれている．上の定義は，「任意のコーシー列はその極限を空間の中にもつ」と表現できる．なお(3)はつぎのように表現される．任意の $\varepsilon (>0)$ に対して N がとれて，$m, n \geqq N$ であれば，$\|f_m - f_n\| < \varepsilon$ がなりたつ．

ディリクレの原理を説明する．(2)の積分を $J[f]$ とかく．$f_0(x, y)$ があったとする．変分を

$$f(x, y) = f_0(x, y) + \varepsilon \eta(x, y)$$

の形で与える．ε は実の小さいパラメータであり，$\eta(x, y)$ は $\varGamma$ の近傍で 0 となるなめらかな関数とする．

$$J[f] = J[f_0] + 2\varepsilon \iint_\Omega \left(\frac{\partial}{\partial x} f_0 \cdot \frac{\partial}{\partial x} \eta + \frac{\partial}{\partial y} f_0 \cdot \frac{\partial}{\partial y} \eta \right) dxdy + \varepsilon^2 J[\eta]$$

であり，$J[f] \geqq J[f_0]$ であるから，右辺第 2 項は 0 である．ここで，$f_0(x, y)$ を Ω で C^2 級とすると部分積分により，

$$\iint_\Omega \Delta f_0(x, y) \eta(x, y) dxdy = 0$$

がなりたつ．$\eta(x, y)$ は任意であったから，f_0 は (1) をみたす．

27　超関数 (distribution)

Laurent Schwartz (1915-)

1950年，シュワルツ(L. Schwartz, 1915-)の*Théorie des distributions*(超関数の理論)が Hermann から出版され，数学界にインパクトを与えた．50年代の後半に至り，distribution を用いた学術論文がかなり出るようになった．distribution について簡単な解説を試みる．

　創始者シュワルツが基本においたのは局所可積分関数(locally summable function)である．この関数を L^1_{loc} とかく(L は Lebesgue の L であるといわれている)．くわしくいえば，任意の有界閉集合上でルベーグの意味で可積分な関数をいう．1次元の場合は，任意の有限区間 $[a, b]$ で

$$\int_a^b |f(x)| dx < \infty$$

をみたす関数 $f(x)$ をさす．ついでながら，$\dfrac{1}{x} \in L^1_{\text{loc}}$ である．

　ついでディラックのデルタ関数 $\delta(x)$ も考察の対象にする必要がある．$\delta(x)$ とは，$x \neq 0$ で 0，$x=0$ で ∞ で，$\int_{-\infty}^{\infty} \delta(x) dx = 1$ となる関数をいう．$\delta(x) \in L^1_{\text{loc}}$ である．シュワルツはデルタ関数という言葉をさけて，デルタ測度という言葉を使った．そして，関数といえば L^1_{loc} の関数をさすものとした．

　シュワルツ教授は $\delta(x)$ とは任意のテスト関数(test function) $\varphi(x)$ に対して $\varphi(0)$ を対応させる汎関数(functional)と見なすという立場をとった．記号で

$$\langle \delta(x), \varphi(x) \rangle = \varphi(0)$$

と表される．さらにこの立場に立って，$f(x) \in L^1_{\text{loc}}$ を

$$\langle f(x), \varphi(x) \rangle = \int f(x) \varphi(x) dx$$

で定義される汎関数として位置づけた．以後主として n 次元空間 $\boldsymbol{R}^n$ で説明するが，本質的には1次元空間で考えて差支えない．n 次元の場合は $x = (x_1, x_2, \cdots, x_n)$ である．

27 超関数(distribution)

テスト関数 $\varphi(x)$

テスト関数とは無限回微分可能な関数で、そのsupport(台)が有界閉集合であるときをいう。記号で $\varphi(x) \in \mathcal{D}$ あるいは $\varphi(x) \in C_0^\infty$ とかく。またsupportとは $\overline{\{x|\ \varphi(x) \neq 0\}}$、すなわち、集合 $\{x|\ \varphi(x) \neq 0\}$ の閉包、をさす。平たくいえば、$\varphi(x)$ は $|x|$ が十分大であれば、$\varphi(x) \equiv 0$ である C^∞ 関数である。$\varphi(x)$ のsupportは supp $[\varphi]$ とかかれる。

超関数 T

T がdistributionであるとは、すべてのテスト関数 $\varphi(x)$ との結合(coupling)が定義されている場合である。この結合を $\langle T, \varphi(x) \rangle$ とかく。T が L^1_{loc} の場合と同様 $\langle T, \varphi \rangle$ は複素数値である。この形式(form)は線形であることを要請する:

$$\langle T, \varphi_1 + \varphi_2 \rangle = \langle T, \varphi_1 \rangle + \langle T, \varphi_2 \rangle, \quad \langle T, c\varphi(x) \rangle = c \langle T, \varphi(x) \rangle.$$

ここで c は一般複素数である。

実際にはこれで十分であるが、理論的には連続性を要求する。これは

(1) $\varphi_j(x) \to 0 \quad (j \to \infty)$ in $\mathcal{D}$ $\implies$ $\langle T, \varphi_j(x) \rangle \to 0 \quad (j \to \infty)$

と表現される。ここで $\varphi_j(x) \to 0$ in $\mathcal{D}$ とは、つぎのことを意味する。あるコンパクト集合(有界閉集合) K がとれて、すべての j に対して supp $[\varphi_j] \subset K$ であり、かつ任意の $\alpha = (\alpha_1, \alpha_2, \cdots, \alpha_n)$ に対して、

(2) $\quad\quad \left(\dfrac{\partial}{\partial x}\right)^\alpha \varphi_j(x) \to 0 \quad$ (一様収束)$, \quad j \to \infty$

がなりたつときである。なお、(1)は普通の表現でいえば、テスト関数列 $\{\varphi_j(x)\}$ が $\mathcal{D}$ の位相で0に近づくならば、$\langle T, \varphi_j(x) \rangle$ もまた $j \to \infty$ のとき0に近づく、となる。

$T = f(x) \in L^1_{\mathrm{loc}}$ のときはこの条件はみたされている。実際 supp $[\varphi_j] \subset K$(コンパクト)のとき、

$$|\langle T, \varphi_j \rangle| = |\langle f, \varphi_j \rangle| \leq \int_K |f(x)| dx \cdot \max |\varphi_j(x)|$$

がなりたつからで，テスト関数列 $\{\varphi_j\}$ が(2)の $a=0$ の場合にみたしていれば，$j\to\infty$ のとき左辺は 0 に近づく．

関数でない(すなわち L^1_{loc} に属さない)超関数として，p. v. $\dfrac{1}{x}\left(\dfrac{1}{x}\right.$ の主値(principal value)$\Big)$ がある．これは $\varepsilon>0$ として，

$$(3) \qquad \varphi(x) \to \lim_{\varepsilon\to 0}\int_{|x|\geq \varepsilon}\frac{1}{x}\varphi(x)dx$$

で定義される汎関数である．少し証明を加える．$\varphi(x)=\varphi(0)+x\psi(x)$ と分解する．

$$\psi(x)=\int_0^1 \varphi'(tx)dt$$

である．supp $[\varphi]\subset[-L,L]$ とすると，(3)の右辺は $\int_{-L}^{L}\psi(x)dx$ となる．したがって連続性は，supp $[\varphi_j]\subset[-L,L]$ ($j=1,2,3,\cdots$) とすれば，

$$\left|\left\langle \text{p. v. }\frac{1}{x},\varphi_j\right\rangle\right| \leq 2L\max|\varphi_j'(x)|$$

によって保証される．

さらに例を挙げる．閉曲面 S(たとえば球面)上に定義された連続関数 $f(s)$ に対して，

$$\langle f(s)\delta(s),\varphi(x)\rangle = \int_S f(s)\varphi(s)dS,$$

は超関数である．さらに，$\varphi(x)\to\langle\delta(x-x_0),\varphi(x)\rangle=\varphi(x_0)$ も超関数である．

つぎのことは重要である．$T=0$ とは任意のテスト関数 φ に対して，$\langle T,\varphi\rangle=0$ がなりたつことをいう．したがってつぎの定理がなりたつ．

定理1 $f(x), g(x)$ を関数(すなわち $\in L^1_{\text{loc}}$)とした場合，超関数の意味で $f(x)=g(x)$ であるとは，$f(x)\simeq g(x)$, すなわち $f(x)$ と $g(x)$ とが適当な測度 0 の集合を除いたところでひとしい場合であり，しかもそのときに限る．

27 超関数(distribution)

超関数列の収束

$T_j \to T$ in $\mathcal{D}'$ ($j \to \infty$) とは,任意のテスト関数 φ に対して
$$\langle T_j, \varphi \rangle \to \langle T, \varphi \rangle \quad (j \to \infty)$$
がなりたつときをいう.

例1 $A \to \infty$ のとき,$\sin Ax \to 0$ in $\mathcal{D}'$.

例2 $\dfrac{\sin Ax}{x} \to \pi \delta(x)$ in $\mathcal{D}'$ $(A \to \infty)$.

説明しよう.$\dfrac{\sin Ax}{x} \in L^1_{\text{loc}}$(実は $\in C^\infty$)であるから,supp $[\varphi] \subset [-L, L]$ として,p.v. $\dfrac{1}{x}$ の説明のところでのべた $\varphi(x)$ の分解を用いると,

$$\left\langle \frac{\sin Ax}{x}, \varphi(x) \right\rangle = \varphi(0) \int_{-L}^{L} \frac{\sin Ax}{x} dx + \int_{-L}^{L} \sin Ax \cdot \psi(x) dx.$$

$A \to \infty$ のとき右辺は $\pi \varphi(0)$ に近づく.

注意 $\delta(x)$ は結合関数 $\varphi(x)$ を単に連続かつ有界な support としても意味をもつから,今の場合 $\varphi(x)$ をこの種の関数に拡大しても結果は正しいと思いがちであるが,これは正しくない.

超関数 T の導関数

1次元の場合
$$\langle T', \varphi(x) \rangle = -\langle T, \varphi'(x) \rangle$$
で定義する.

T' もまた超関数である.なぜなら,$\varphi(x) \in \mathcal{D}$ のとき $\varphi'(x) \in \mathcal{D}$ であるから,右辺の結合も意味があり,かつ $\varphi_j \to 0$ in $\mathcal{D}$ $(j \to \infty)$ から,$\varphi_j' \to 0$ in $\mathcal{D}$ $(j \to \infty)$ がしたがうからである.

とくに $T \in C^1$ の場合,$T = f(x)$ とおくと,
$$\langle T', \varphi \rangle = -\langle T, \varphi' \rangle = -\int_{-\infty}^{\infty} f(x) \varphi'(x) dx$$
であるが,部分積分によって,$= \int_{-\infty}^{\infty} f'(x) \varphi(x) dx$ と表される.ゆえに $T' = f'(x)$ となって今までの導関数と一致する.

つぎの定理は応用上重要である．

定理2 $f(x)$ が区分的になめらかで，$x=c$ で第1種の不連続点をもつ場合は，
$$f'(x) = \{f'(x)\} + [f(c+0) - f(c-0)]\delta(x-c)$$
となる．

検証．$\varphi(x)$ をテスト関数とする．
$$\langle f', \varphi(x)\rangle = -\langle f(x), \varphi'(x)\rangle = -\int_{-\infty}^{\infty} f(x)\varphi'(x)dx.$$
積分区間を $[-\infty, c]$ と $[c, \infty]$ に分けて，それぞれの区間で部分積分を行なうと，右辺は
$$-\int_{-\infty}^{\infty} f'(x)\varphi(x)dx + [f(c+0) - f(c-0)]\varphi(c)$$
となる．定理にある $\{f'(x)\}$ は，この積分項に対応する．すなわち $\{f'(x)\} \in L_{\text{loc}}^1$ である．distribution の意味の導関数(定理の左辺)は不連続点の近傍の情報を与えている点に注目されたい．

注意 $f(x), f'(x)$ が区分的になめらかで $x=c$ で第1種の不連続点をもつときは，上式の右辺の $\{f'(x)\}$ を $f'(x)$ と考えて定理を適用すると，
$$f''(x) = \{f''(x)\} + [f'(c+0) - f'(c-0)]\delta(x-c)$$
$$+ [f(c+0) - f(c-0)]\delta'(x-c)$$
となる．ここで $\{f''(x)\}$ は $\int_{-\infty}^{\infty} f''(x)\varphi(x)dx$ で定義される関数，すなわち L_{loc}^1 である．(注意終わり)

多変数の場合は，

(4) $$\left\langle \frac{\partial T}{\partial x_i}, \varphi(x) \right\rangle = -\left\langle T, \frac{\partial}{\partial x_i}\varphi(x) \right\rangle$$

で偏導関数が定義される．つぎの定理はきわめて重要である．

定理3 $T_j \to T$ in $\mathcal{D}'$ $(j \to \infty)$ のとき，$\dfrac{\partial}{\partial x_i}T_j \to \dfrac{\partial}{\partial x_i}T$ in $\mathcal{D}'$ $(j \to \infty)$ がなりたつ．

検証.
$$\left\langle \frac{\partial}{\partial x_i}T_j, \varphi \right\rangle = -\left\langle T_j, \frac{\partial}{\partial x_i}\varphi \right\rangle \xrightarrow[j\to\infty]{} -\left\langle T, \frac{\partial}{\partial x_i}\varphi \right\rangle = \left\langle \frac{\partial}{\partial x_i}T, \varphi \right\rangle.$$
ここで2つの等号は偏導関数の定義そのものであり,矢印(収束)は$\frac{\partial}{\partial x_i}\varphi$がテスト関数の資格をもっている,すなわち$\frac{\partial}{\partial x_i}\varphi \in \mathcal{D}$であるので,仮定$T_j \to T\ (j\to\infty)$からの帰結である.

超関数Tに対して,偏導関数もまた超関数である.これは(4)からただちにしたがう.なぜなら$\varphi_j \to 0$ in $\mathcal{D}$ $(j\to\infty)$のとき,$\frac{\partial}{\partial x_i}\varphi_j \to 0$ in $\mathcal{D}$ $(j\to\infty)$がなりたつから,$\left\langle T, \frac{\partial}{\partial x_i}\varphi_j \right\rangle \to 0\ (j\to\infty)$がなりたつからである((2)参照).

最後になったが,超関数Tの説明をするのに,テスト関数との結合が定義される場合といったが,この術語の用い方は今のところ数学の分野では公認されたものではない.数学ではテスト関数の空間の上に定義された線形汎関数とよばれている.

超関数をくわしく理解したい方には,L. シュワルツ『物理数学の方法』(岩波書店,1966)か,あるいは拙著『偏微分方程式論』(岩波書店,1965)を読まれることをおすすめする.

あとがき

　18世紀から19世紀にかけての解析学の発展をやさしく説明しようと筆者が構想を持っていた時(1988年)，大阪電気通信大学の谷本徳七，永井文雄の両氏から，大学の学報に数学の記事を記載するように依頼された．書き進むにしたがって，本著の原型が出来上がった．この機縁を与えて下さった両氏に謝意を表したい．

　この著書の刊行にあたって，岩波書店の宮内久男，濱門麻美子両氏，そして元岩波書店荒井秀男氏の多大な協力を得たことに深甚な謝意を表したい．

　本文で挙げた参考図書に加えて次の参考図書を挙げておく．

［1］高木貞治，近世数学史談，岩波文庫，1995．

［2］小堀憲，数学史，朝倉書店，1956．

［3］小堀憲，大数学者，新潮選書，1968．

［4］安部齊，微積分の歩んだ道，森北出版，1989．

［5］E. Goursat, Cours d'analyse mathématique I, II, III, Gauthier Villars, 1927.

［6］J. Hadamard, Cours d'analyse I, II, Hermann, 1927.

［7］O. D. Kellogg, Foundations of potential theory, Dover, 1953.

［8］L. Schwartz, Méthodes mathématiques pour les sciences physiques, Hermann, 1966.

［9］L. Schwartz, Cours d'analyse I, II, Hermann, 1967.

［10］高木貞治，解析概論，岩波書店，1961．

［11］溝畑茂，数学解析 上・下，朝倉書店，1973．

本書に登場する数学者たち

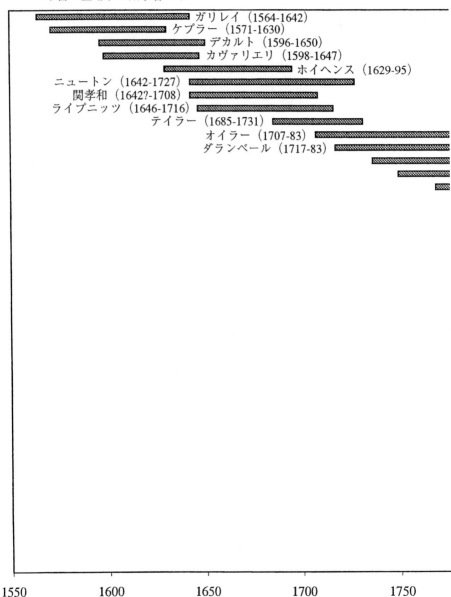

- ラグランジュ (1736-1813)
- ラプラス (1749-1827)
- フーリェ (1768-1830)
- アンペール (1775-1836)
- ガウス (1777-1855)
- ポアソン (1781-1840)
- コーシー (1789-1857)
- ファラデー (1791-1867)
- グリーン (1793-1841)
- デュアメル (1797-1872)
- アーベル (1802-29)
- ディリクレ (1805-59)
- ハミルトン (1805-65)
- リゥヴィル (1809-82)
- ガロア (1811-1832)
- ストークス (1819-1903)
- リーマン (1826-1866)
- ノイマン (1832-1925)
- リプシッツ (1832-1903)
- ジョルダン (1838-1922)
- フロベニウス (1849-1917)
- ヘビサイド (1850-1925)
- ポアンカレー (1854-1912)
- ボルテラ (1860-1940)
- ヒルベルト (1862-1943)
- アダマール (1865-1963)
- フレドホルム (1866-1927)
- ベール (1874-1932)
- ルベーグ (1875-1941)
- プランシュレル (1885-1967)
- ディラック (1902-84)
- シュワルツ (1915-)

■岩波オンデマンドブックス■

解析学小景

|1997年1月29日　第1刷発行
1997年8月9日　オンデマンド版発行

著　者　溝畑　茂（みぞはた　しげる）

発行者　岡本　厚

発行所　株式会社　岩波書店
〒101-8002　東京都千代田区一ツ橋2-5-5
電話案内　03-5210-4000
http://www.iwanami.co.jp/

印刷／製本・法令印刷

© 畑由起子 2017
ISBN 978-4-00-730650-1　　Printed in Japan